東アジアの持続的な経済発展と環境政策

―中国・日本・韓国を中心に―

王　鵬飛

溪水社

まえがき

　周知のように、近年において中国の経済は目覚ましいスピードで発展している。しかし、これに伴う環境汚染も急激に悪化している。中国の1次エネルギー消費構成は、石炭が中心（60%～70%）であり、世界最大の石炭消費国である。中国は今後も高度経済成長をつづけるという目標を提起しており、エネルギーの需要は高まるばかりだが、高すぎる成長は多くの矛盾を生み出している。特に中国各地域で話題となっている微小粒子状物質（PM2.5）のほか、今や中国はすでに二酸化炭素（CO_2）など温室効果ガスの世界最大級の排出国となっている。

　また、毎年のように黄砂などの汚染物質は風に乗って朝鮮半島あるいは日本へと飛散し、国際間の越境汚染問題も引き起こしている。中国、韓国、日本は地理的に近いだけではなくて、グローバル化によって互いの経済関係も緊密になっている。一方、韓国と日本は中国に大量の資金と人材を投入して、中国の安い労働力と資源を利用して工業製品を製造し、世界への輸出を拡大している。一方で中国も韓国と日本の投資と技術を利用して自国のインフラ整備と産業を大きく発展させた。とりわけ、前で述べた中国の環境汚染問題は中国一国だけでなくて、韓国と日本を含む三国の視点から何らかの解決の方法を探るべきだと考えられる。

　環境に配慮した経済発展による汚染物質を削減しょうとした場合、汚染削減には多額の費用が生じる、この削減費用はどの国に対しても巨額な費用である。従って、汚染削減費用を少なく、経済発展への影響を最小限に抑えた環境政策が求められる。中国の立場で考えると、最先端の省エネ技術や汚染削減技術などを持たないいま、汚染を削減するために経済発展を抑えながら環境を最優先することが求められるが、これは恐らく不可能である。日本・韓国のような先進諸国は高度な経済成長を経験し、今や多くの省エネ技術と費用を最小限に抑える汚染削減技術を持っている。

　本書は中国、韓国と日本が共に注目している二酸化炭素（CO_2）の排出問題

に焦点を当てて、中国・韓国・日本三国間の輸出入貿易はどのような影響を与えているかを明らかにして、その上で汚染削減と経済発展を両立する方法を探ってみたものである。第Ⅰ部の「中国・日本・韓国のCO_2排出量の特徴と環境クズネッツ曲線」と第Ⅱ部の「中国を中心とする東アジア日中韓の貿易構造と持続的な経済発展のための環境政策について」を含めて、全部で8章とおわりにと9つの部分からなっている。

第Ⅰ部の第1章は東アジアにおける汚染状況、特に中国の汚染状況を紹介し、中国内部の汚染の地域差と経済格差、さらに中国と韓国と日本の状況を比較し、このような地域別の汚染と経済の違いの下では、中国全体だけでなくて、省別にその経済状況に応じた環境政策の研究も必要であることを示す。第2章は中国各地域、および日本・韓国のCO_2排出量の要因分析を示す。第3章は中国各地域環境クズネッツ曲線を推定する。第4章は前3章の研究を踏まえて、中国は公式にはGDP当たり汚染排出量を2020年において、2005年から40～45%削減した水準に抑えるという目標を言明しているので、その目標を達成する場合の限界削減費用を推定した研究である。

第Ⅱ部は第Ⅰ部の現況分析を踏まえ、具体的な解決方法の一つとして、日中韓の貿易は持続的な経済発展に有意な影響を与え、また中国のCO_2排出削減効果を持つということを示す。第5章は時系列分析の方法を適用して、中国各地域CO_2排出量はどのような性質を持つかを示す。第6章は中国地域別のCO_2排出量と中国各地域のGDPおよび日本・韓国からの輸入と、輸入から影響を強く受けると思われるR&D資本との共和分の関係について分析し、共和分関係の存在を否定することはできないこと、中国のCO_2排出は中国の貿易に影響されていることを明らかにする。第7章はこの貿易活動について日中韓三国間輸出入動向と貿易構造を輸出入関数によって分析した。第8章は2020年までに輸入の伸びを考慮したCO_2排出量と輸入の伸びを考慮しない場合のCO_2排出量を比べて、輸入が中国各地域CO_2排出削減に働いていることを明らかにする。

本書の完成には、母校広島修道大学ならびに数多くの方々の助けがなければならなかった。まず、大学院経済科学研究科の課程を終始、ご指導いただ

いた指導教授の前田純一教授と時政勗教授両恩師に心からお礼を申し上げたい。前田純一先生は私の研究の門を開いて、私の研究のために学部や大学院で、公私両面でずっと温かく支えて来て下さった。この研究の構想は大学四年生のときに、前田先生のゼミで初めて決意した事を今でも覚えている。

次に、時政勗先生は本論文の完成について終始ご指導下さった。先生は退職まで博士後期課程の指導教授をしていただき、学問と研究に対する厳格かつ厳密な態度に心から敬服している。また、退職後も、私の研究のためにたくさんの貴重な時間をくれて教育して下さり、出版にあたっても全文に目を通して頂いた事に深く感謝している。先生自身の人格と教育者として学生である私を陶冶することを一生心に刻む。

また、本書のもととなった学位申請論文の論文指導委員会や審査委員会を通じて、何度も貴重なコメントとアドバイスと激励を下さった張南先生、片山尚平先生に御礼を申し上げる。このほか、広島修道大学大学院の前研究科長豊田利久先生、現研究科長海生直人先生、コメントを下さった北原宗律先生、広島経済大学片岡幸雄先生、学会討論者の伊ヶ崎大理先生、張宏武先生のご指導により、本研究を進めることができました。

本書の作成にあたり、膨大な統計データを必要とした。広島修道大学図書館は研究図書費用を惜しまずに毎年数多くの中国の統計書籍を図書館に整えて下さった。広島市立大学図書館、広島経済大学図書館にも数多くの統計データをいただき、その協力にも感謝したい。広島修道大学国際交流センター、教務課、情報センターの職員の方々から様々なご協力と支援を頂いた。広島修道大学教職員奨学金、上領英之奨学金、広島平和文化センター奨学金、広島マツダ企業奨学金、熊平財団奨学金、日本文部科学省奨学金など数多くの奨学金の助けによりこの研究を成し遂げたことを感謝したい。

最後に、本書の出版を受けて頂きお世話になった渓水社の木村逸司社長に厚くお礼を申し上げる。

2013年8月

王　鵬飛

目　次

第Ⅰ部　中国・日本・韓国のCO_2排出量の特徴と環境クズネッツ曲線

第1章　中国を中心とする東アジアの持続的発展
　第1節　東アジアにおける中国の環境問題 ・・・・・・・・・・・・・・・・・・・・・・・・・・・・・ 1
　第2節　東アジアと中国の地域経済格差 ・・・・・・・・・・・・・・・・・・・・・・・・・・・・・・ 3
　第3節　中国の地域経済と日本・韓国の貿易関係 ・・・・・・・・・・・・・・・・・・・・・ 5

第2章　中国各地域及び日本・韓国のCO_2排出量変化とその要因分析
　第1節　排出量の要因分析と先行研究 ・・・・・・・・・・・・・・・・・・・・・・・・・・・・・・ 9
　第2節　CO_2排出量の推計と要因分析 ・・・・・・・・・・・・・・・・・・・・・・・・・・・・・ 16
　第3節　地域別の一人あたりCO_2排出量変化の要因分解 ・・・・・・・・・・・・・・ 26
　第4節　日中韓一人当たりCO_2排出量変化の比較 ・・・・・・・・・・・・・・・・・・・ 31
　第5節　まとめ ・・・ 34

第3章　中国各地域環境クズネッツ曲線の推定
　第1節　環境と成長の両立と環境クズネッツ曲線 ・・・・・・・・・・・・・・・・・・・・・ 38
　第2節　データと回帰分析の結果 ・・・・・・・・・・・・・・・・・・・・・・・・・・・・・・・・・ 42
　第3節　環境クズネッツ曲線の回帰分析 ・・・・・・・・・・・・・・・・・・・・・・・・・・・ 46
　第4節　まとめ ・・・ 55

第4章　中国各地域CO_2限界削減費用の推定
　第1節　汚染の限界削減費用 ・・・・・・・・・・・・・・・・・・・・・・・・・・・・・・・・・・・・・ 57
　第2節　さまざまの限界削減費用の推定方法 ・・・・・・・・・・・・・・・・・・・・・・・ 58
　第3節　中国政府の温暖化対策目標と限界削減費用 ・・・・・・・・・・・・・・・・・ 67
　第4節　まとめ ・・・ 69

第Ⅱ部　中国を中心とする東アジア日中韓の貿易構造と持続的な経済発展のための環境政策について

第5章　中国のCO_2排出推移と対日対韓輸入貿易の時系列分析
　　はじめに ·· 71
　　第1節　CO_2排出量の動向と単位根検定 ···························· 73
　　第2節　中国各地域のCO_2排出量と輸入貿易の因果関係の分析 ·········· 85
　　第3節　先行研究との比較 ·· 109

第6章　中国のCO_2排出量の日本・韓国からの輸入に対する回帰分析
　　第1節　CO_2排出関数と共和分検定 ································ 113
　　第2節　CO_2排出量のその他の構造分析 ···························· 122
　　第3節　中国各地域パネルデータの分析 ······························ 128

第7章　日中韓の貿易動向の分析
　　はじめに ·· 137
　　第1節　中国の対日本・韓国の貿易動向 ······························ 138
　　第2節　輸出入関数推計の先行研究とモデルの選択について ·········· 140
　　第3節　中国各地域相手国別輸出入金額の予測結果 ···················· 175

第8章　自由貿易と持続可能性
　　第1節　自由貿易と環境 ·· 186
　　第2節　輸入貿易がCO_2削減に与える影響の地域別分析 ·············· 187

おわりに ·· 195
参考文献 ·· 203
索　引 ·· 206

東アジアの持続的な経済発展と環境政策
―中国・日本・韓国を中心に―

第Ⅰ部　中国・日本・韓国のCO_2排出量の特徴と環境クズネッツ曲線

第1章　中国を中心とする東アジアの持続的発展

第1節　東アジアにおける中国の環境問題

　1979年の「改革開放」以来、中国は急速な経済成長を遂げてきた。平均すれば15年以上も2桁の成長を続けるという高度成長ぶりである。しかし、中国は高度な経済発展に伴い、石油及び石油製品、天然ガス、電力などの消費量が急増することは確実である。中国が、石油輸入の依存度を年々高める一方、石炭が主なエネルギー源であることは今後も変わりがない。しかし、今までのエネルギー構造に変わりがなければ、中国の経済は発展すればするほど大気汚染や環境汚染が深刻になり、また、地球温暖化原因物質といわれる二酸化炭素（CO_2）の大量排出も懸念され、今はもう世界最大のCO_2排出国である。先進国に二酸化炭素などの温暖化ガスの排出削減を義務づけた京都議定書が2005年2月16日に発効した。日本は2008年～2012年の間に温暖化ガスを1990年比で6％削減するという制約を自ら負うことになった。これに対し中

国政府は2020年までの温室効果ガスの排出削減をめぐる行動目標を発表し、国内総生産 (GDP) あたりの二酸化炭素 (CO_2) 排出量を2005年比で40%から45%削減すると発表した。1990年代前半から、アメリカ合衆国で硫黄酸化物排出証取引が行われた（国内排出証取引制度）。大気汚染や酸性雨の原因となる硫黄酸化物 (SO_2) に排出枠を定めたうえで、排出枠を下回った者がその削減分に付加価値をつけて排出枠を上回った者と取引するもので、硫黄酸化物の排出量の削減に大きく貢献したと見られている。

環境を配慮し経済発展により汚染物質を削減しょうとした場合では、汚染削減には多額の費用が生じる、この削減費用がどの国に対しても巨額な費用である。従って、汚染削減費用を少なく、経済発展への影響を最小限に抑えた環境政策が求められる。中国の立場で考えると、最先端の省エネ技術や汚染削減技術などを持たない中国において、汚染を削減するための経済発展を抑えながら環境を最優先することが求められるがこれは恐らく不可能である。

しかし、日本・韓国のような先進諸国は高度な経済成長を経験し、今や多くの省エネ技術と費用を最小限に抑える汚染削減技術を持っている。したがって、我々はこの研究で日本と韓国からの輸入は中国の産業構造の改良およびCO_2排出量の汚染削減にはかなりの効果があると考えている。

まず要因分析で中国各地域のCO_2排出の現状と原因を明らかにし、その上で現段階の中国各地域のCO_2排出削減費用を推定した。また時系列分析、パネルデータの分析により日本と韓国からの輸入は中国各地域のCO_2排出量と相関関係を持つことを確認した。

つぎに、中国政府は2020年までの温室効果ガスを国内総生産 (GDP) 1万元あたりの二酸化炭素 (CO_2) 排出量を2005年比で40%から45%削減する目標を示したが、このもとで中国各地域の日本と韓国からの輸入関数を推定し、2020年までに輸入の伸びを考慮したCO_2排出量と輸入の伸びを考慮しない場合のCO_2排出量を比べた。

その結果、日本と韓国からの輸入の伸びを考慮した場合の汚染削減率が比較的に高い。中国と高度な技術をもつ日本・韓国と貿易を深めることによっ

て、環境と経済発展が両立するという意味での持続的発展は達成できると結論をした。

第2節　東アジアと中国の地域経済格差

　第2次世界大戦後、東アジアは目覚しい経済発展を遂げた。世界銀行が1993年9月発表したレポート『東アジアの奇跡―経済成長と政府の役割』[1]の中で、東アジアにおける日本・韓国などの8カ国地域は1965年から1990年代に渡って20年間程度の短期間に急速に経済成長した。また、そのうち日本と韓国などのアジアNIEs 4カ国は高度成長と不平等の減少を同時に成し遂げた最も公平な国々である。これにより日本・韓国両国の国内における経済格差が縮小し、他国との国間の経済格差を大きく開いた。

　しかし、1997年にアジア通貨危機が発生し、東アジア諸国はそれまでの成長率を一転して大きな打撃を受けた。2000年になると中国の急速な経済発展を受けて、東アジアは再び中国を中心とした新しい経済成長期に入った。中国は30年間以上の高度経済発展によって国内の経済格差を大きく縮小したが、国あるいは人口の規模があまりにも大きいため、東南沿海地域による高度な経済発展と内陸地域の比較的緩やかな経済発展により生まれた新たな経済格差を生じている。

　日本・中国・韓国における格差問題は主に都市部と農村部の所得格差である。[2]日本と韓国ではそれほど大きな格差はないが、この問題は特に中国で顕著になっている。中国東部地域の高度経済発展により、内陸地域の農民たちはより高い所得を求めるために沿海地域の都市へと移動する現象が、今や中国の貧富の差の典型的な例として知られている。

　こうして中国国内の格差問題は都市部と農村部の所得格差と西部と東部地域の地域格差が問題となっている。このように、様々な問題を抱えながら、

---

[1] The World bank (1993) The East Asian Miracle: Economic Growth and Public Policy (World Bank Policy Research Reports)
[2] 浅沼信爾・鈴木和哉(2008年)「東アジアの経済発展と格差問題」総合研究開発機構NIRAモノグラフシリーズ

これらの問題を解決する根本的な策はいかに持続的な経済発展を維持するかである。多くの研究では、中国の経済発展と地域格差問題を見るとき、中国をいくつかの地域に分けて、一人当たりGDPなどの経済指標を用いて分析する。例えば、坂本博「中国の省間所得格差：動向を知る」[3]では、中国統計年鑑の経済データを利用して、中国を東部、西部（中部を含めて）という。2つに地域分けして、中国各省間の所得格差問題を研究した。また中国人の研究者（于 文浩）「中国における地域経済格差の動向」[4]では、中国の地域区分について、新旧二つの方法で3大区分法によって格差を説明した。

図1-1　中国各地域の名称
出所：中国旅行情報局

---

[3] 坂本博「中国の省間所得格差：動向を知る」国際東アジア研究センターWorking Paper Series Vol. 2005-09 2005年8月
[4] 于文浩(2009)「中国における地域経済格差の動向」中央大学経済研究所Discussion Paper Series No. 133

まず中国の三大区分は次のようにおかれる。

東部地域つまり中国沿海地域には北京、天津、河北、遼寧、上海、江蘇、浙江、福建、山東、広東、海南という11の省（直轄市、自治区を含む）が含まれる。

中部地域には山西、内蒙古、吉林、黒竜江、安徽、江西、河南、湖北、湖南という9の省（直轄市、自治区を含む）が含まれる。

西部地域には残りの広西、重慶、四川、貴州、雲南、陝西、甘粛、青海、寧夏、新疆、チベットという11の（直轄市、自治区を含む）が含まれる。チベット自治区に関しては、『中国統計年鑑』に記載されているデータがごくわずかしかないことから、これを分析対象外にした。台湾、香港、マカオを除くと中国本土31の省・自治区・直轄市行政地域があり、それ以前の重慶市のデータは四川省に含まれているので、ここでは1997年以降から、四川省と重慶市のデータを別々に計算している。これらの結果、使用するデータは30の省・自治区・直轄市行政地域である。

ここで我々はこの3大区分法（新）を利用して1995年から2008年までの14年間における中国の省、自治区、直轄市別のデータを『中国統計年鑑』（1996-2009）から取り、中国各地域の特徴を経済の面から観察する。

第3節　中国の地域経済と日本・韓国の貿易関係

中国各地域理解を各地域一人当たりGDPと貿易（輸出量と輸入量）の面から見ていく。その結果を図1-2と図1-3で示した。東部地域とは、中国国内の沿海岸地域である。東部地域は対外開放などが積極的に進められた結果、1980年代は広州、深圳といった珠江デルタ地域、1990年代は上海を中心とした長江デルタ地域において目覚ましい発展を遂げた。この地域は、中国の改革開放政策を以来、鋼鉄、石油化学、電子情報、紡績といった製造業が集中していて、外資系企業も多く進出している地域である。地域平均一人当たりGDPも全国で最も高いの40,000元である（2009年時点名目値）。

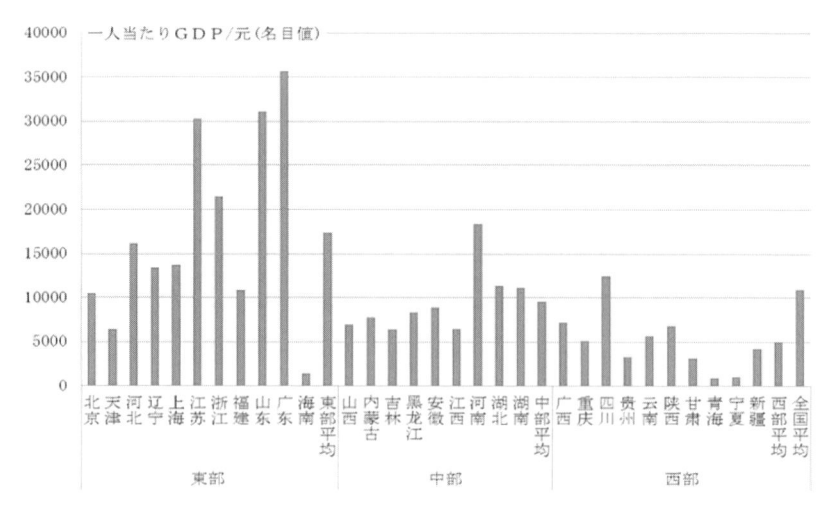

図1-2　2008年中国各地域一人当たりGDP
出所:『中国統計年鑑』2009各地域人口とGDPデータより作成

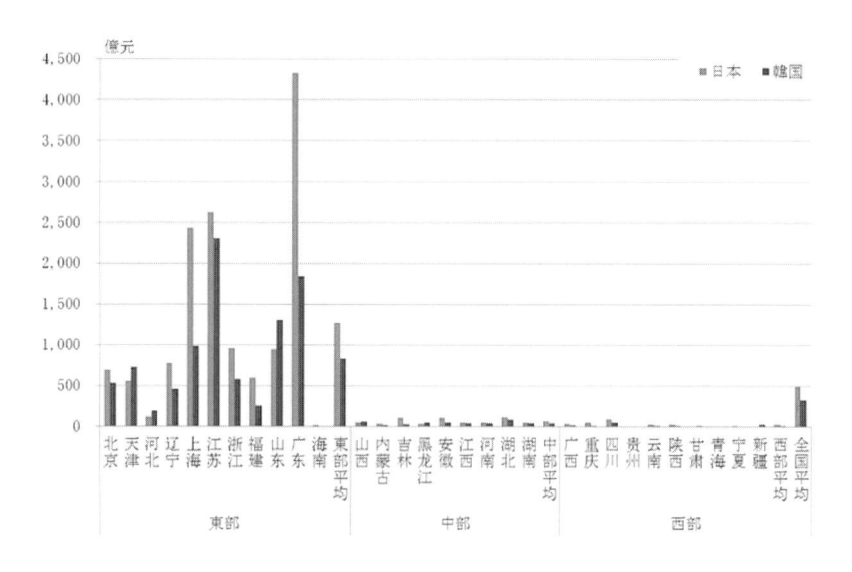

図1-3　2008年中国各地域の日本・韓国との輸出入貿易額
出所:『中国統計年鑑』・『中国商業年鑑』2009より作成

注目すべきなのはこの中で北京が63,029元、天津が55,473元、上海が73,124元という高い一人当たりGDPをもつ一方、河北が23,239元、海南が17,175元という低い一人当たりGDPをもつ地域もあることである。つまり東部地域のなかでも地域経済格差はあることが明らかである。また、図1-2で示したように、中国は日本・韓国との貿易関係も東部地域が圧倒的に大きい。上海、江蘇、山東、広東地域と日本・韓国の貿易総額が東部地域の日本・韓国との貿易の大半を占めている。東部地域と日本・韓国の貿易平均額も全国で最も高く、2008年ではそれぞれ1,262.4億元と899.9億元である。

　中部地域は、沿海岸地域に比較的に近い内陸地域であり、中国の主要な食糧生産基地、エネルギー原料基地、設備製造業基地であると同時に、総合交通運輸ハブでもある。1979年の改革・開放以降、一定の経済発展は遂げているものの、その速度は東部と比較して見劣りする。また、東部と中部には、中国75％以上の人口が集中している地域でもある。一人当たりGDPも東部地域より低く、約20,000元である。貿易の面から見ると東部にかなり遅れていて、中部地域と日本・韓国の貿易平均額が2008年ではそれぞれ78.2億元と56億元であり、東部地域に比べて約16倍の差もある。

　西部地域は内陸発展途上地域である。中国全体の陸地面積の56％をしめており、その人口の総計は2.85億であり、およそ全国の総人数の23％を占めている。西部地域の一人当たりGDPは15,000元である。これは、沿海岸地域の一人当たり40,000元をかなり下回り、東部と西部の経済格差は大きくなっていることが浮かび上がる。また、西部地域と日本・韓国の貿易平均額がそれぞれ31.9億元と18.2億元であり、中部地域に比べて約2倍の差、東部地域に比べて約40倍の差がついている。

　環境を配慮し経済発展により汚染物質を削減しょうとした場合では、汚染削減には多額の費用が生じる、この削減費用がどの国に対しても巨額な費用である。従って、汚染削減費用を少なく、経済発展への影響を最小限に抑えた環境政策が求められる。

　中国の立場で考えると、最先端の省エネ技術や汚染削減技術などを持たない中国において、汚染を削減するための経済発展を抑えながら環境を最優先

することが求められるがこれは恐らく不可能である。しかし、日本・韓国のような先進諸国は高度な経済成長を経験し、今や多くの省エネ技術と費用を最小限に抑える汚染削減技術を持っている。

したがって、我々はこの研究で、日本と韓国からの輸入は中国の産業構造の改良およびCO_2排出量の汚染削減にはかなりの効果があると考えている。まず要因分析で中国各地域のCO_2排出の現状と原因を明らかにし、その上で現段階の中国各地域のCO_2排出削減費用を推定した。また時系列分析、パネルデータの分析により日本と韓国からの輸入は中国各地域のCO_2排出量との相関関係を確認した。

その後、中国政府は2020年までの温室効果ガスを国内総生産（GDP）あたりの二酸化炭素（CO_2）排出量を2005年比で40％から45％削減するという目標を揚げているが、そのもとで中国各地域の日本と韓国からの輸入関数を推定し、2020年までに輸入の伸びを考慮したCO_2排出量と輸入の伸びを考慮しない場合のCO_2排出量を比べた。その結果によって、日本と韓国からの輸入の伸びを考慮した場合の汚染削減率が比較的に高い。中国と高度な技術をもつ日本・韓国と貿易を深めることによって、環境と経済発展が両立するという意味での持続的発展は達成できると結論をした。

第2章　中国各地域及び日本・韓国の
CO_2排出量変化とその要因分析

第1節　排出量の要因分析と先行研究

2.1.1　中国のエネルギー消費分析の視点

　過去20数年間、中国は年平均9％近くの実質経済成長を遂げた。その主要な原因として計画経済から市場経済への体制移行と高度成長が挙げられる。その一方、中国は二酸化炭素（CO_2）など温室効果ガスの世界最大級の排出国となり、地球環境問題の点からその動向に注目が集まっている。中国の1次エネルギー消費構成は、CO_2排出量が多い石炭が中心（60％～70％）であり、消費量は年間14億トンで、世界最大の石炭消費国である。

　中国は今後も高度経済成長をつづけるという目標を挙げており、エネルギーの需要は高まるばかりだが、一方で高すぎる成長は多くの矛盾を生み出している。中国では、経済成長に伴う環境汚染や自然災害等が大きな問題となってきた。環境保護政策等は整備されているものの、効果的な取り締まりの実施等、解決しなければならない問題が数多く存在する。

　エネルギー需要の高まりにより、2008年に各地で深刻な電力不足や石油価格、石炭価格の高騰がみられ、産業や生活に大きな影響を与えている。酸性雨、SO_2、自動車の排ガスおよび微細粒子による汚染は深刻なもので、工場排ガス中のばい煙と自動車の排ガス複合型大気汚染は、中国で最も深刻な問題となっている。また、環境問題と経済成長をどのように調和させていくかということが、中国の大きな課題である。中国は大量にエネルギーを消費する

経済構造にあるため、温暖化による影響を緩和するための施策については今後さらに踏み込んだ検討が求められている。

これに対し中国政府は2020年までの温室効果ガスの排出削減をめぐる行動目標を発表し、国内総生産（GDP）あたりの二酸化炭素（CO_2）排出量を2005年比で40％から45％削減すると発表した。中国のエネルギー環境問題は中国国内の経済発展の地域格差によって複雑になり、そのため地域別の環境対策に対する研究が必要である。

本章では地域別のCO_2排出量の推計と要因分析について研究した。2.1節で、石油・石炭・天然ガスのエネルギー消費量から、CO_2排放係数を用いて中国各地域のCO_2排出量を計算した。2.2節で、Simple Average Divisia methods方法を利用して中国各地域について1995年から2008年までのCO_2排出量の変化を、CO_2原単位要因、エネルギー消費原単位要因、産業構造要因、第二次産業発展要因の４つの要因に分解した。2.3節で、以上で分解したCO_2原単位要因、エネルギー消費原単位要因、産業構造要因、第二次産業発展要因の４つの要因を具体的に分析し、中国のCO_2排出量は経済発展の影響を受けて、東部から中部と西部へと徐々に減っていく傾向が明らかである。

第３節では、地域別の一人当たりCO_2排出量変化観察し、東部が最も高く、その次は中部、最後は西部であるというように、東から西へと徐々にCO_2排出が落ちて行くという結果をみていく。

第４節では、日本・韓国・中国の一人当たりCO_2排出量の変化の要因はどのようにちがうかを見るために、日本と韓国も中国と同じように一人当たり1995年～2008年のCO_2排出量を計算し、その要因分析を行った。また、Eunho Choi, Almas Heshmati and Yongsung Cho (2010) のように、発展のレベルのちがいを考察することで、CO_2排出量と輸入貿易と経済成長の関係を比較する。ただし、ここで注意すべき点は、Eunho Choi, Almas Heshmati and Yongsung Cho (2010) の開放度という概念と違って、この論文では輸入だけに焦点を当てるということである。

中国のエネルギー環境問題と経済発展に関する研究は数多くある。その中で張宏武『中国の経済発展に伴うエネルギーと環境問題・部門別地域別の経

済分析』(2003)[5]とShi Linyuna and Zhang Hongwu 'Factor Analysis of CO_2 Emission Changes in China'[6]は中国の一人当たりGDPのデータとエネルギー消費データを利用して、エネルギー源別、省別、部門別に大気汚染物質であるCO_2、SO_2、NO_x排出量を推計し、中国各省別の部門別の大気汚染の要因分析をした。

Shi Linyuna and Zhang Hongwu (2011) らの要因分析の方法は日本の学者によって開発された茅の式の適用された有名な方法の一つである。具体的に

$$C = (C/E) \times (E/Y) \times (Y/P) \times P$$

(2-1)

CはCO_2排出量、Eはエネルギー消費量、
YはGDP（国内総生産）、Pは人口
このとき、CO_2排出量の変化率（ΔC）は、次のように４つの要因に分解できる。

$$\Delta C = \Delta(C/E) + \Delta(E/Y) + \Delta(Y/P) + \Delta P$$

(2-2)

C/E　　（CO_2原単位要因）

E/Y　　（エネルギー消費原単位要因）

Y/P　　（一人あたり経済発展要因）

P　　　（人口要因）　　である。

Shi Linyuna and Zhang Hongwu (2011) において、その結果大気汚染物質排出量変動の要因の主成分は経済的、技術的要因という結論を出した。また、日本と中国のCO_2排出の部門別要因を炭素エネ原単位要因、エネ原単位要因、付加価値率要因、構造要因という四つの要因に分解した。結論としては、日本では運送、サービスといった部門がCO_2排出量をやや上昇させているが、産

---

[5] 張 宏武『中国の経済発展に伴うエネルギーと環境問題―部門別・地域別』渓水社
[6] Shi Linyuna and Zhang Hongwu (2011) "Factor Analysis of CO2 Emission Changes in China", Energy Procedia Volume 5, 2011, Pages 79–84

業部門は低下する働きをしている。一方、中国では軽工業部門以外の部門がCO$_2$排出量を上昇させているという結果に到達した。中国では、経済規模と省エネがCO$_2$の増加、減少の２大要因であり、エネルギー転換と人口規模はそれほど大きく働いていないことを示した。

　Copeland and Taylor (1994)[7]は自由貿易と環境質との関係を研究し、自由貿易はそれを行っている国への３つのタイプの影響を持っていることを示した。第一は、所得の増大が環境財の消費を引き起こす技術効果である。自由貿易は環境問題に対する人々の関心とそれらの理解を呼び起こす。そして人々は効果的な公害防止と管理政策を要望する。このように、自由貿易を通じた技術の効果は、環境を改善する可能性である。第二は、規模効果である。自由貿易は世界貿易量の増加につながり、そして各国は産出を増やし、産出増加は環境を悪化させる。第三は、構造効果である。海外直接投資を呼びこむするため発展途上国は汚染集約型の産業を誘致する傾向がある。そして先進諸国はそのような産業を回避する可能性がある。この三つの効果を統合しての汚染の減少は、技術効果や構造効果の相対的な大きさに依存する。

　最近Eunho Choi, Almas Heshmati and Yongsung Cho (2010)[8]はCO$_2$排出量と経済成長と開放度（Openness）との関係について実証分析を行った。彼らによると経済成長と経済厚生の改善は、環境問題を解決したり、管理したりするために使われる技術的な、また資金面でのチャンスの種類に影響を与えることができる。この状況では、経済成長と環境保全が両立できるかどうか知ることに関心がある。一般に、環境財と環境質は正常財である。そして、このことは自由貿易を通じての所得上昇はより高い環境質を求める個人の欲求を増加させることを意味する。経済発展の初期段階では、余った所得のほんの一部だけが、一般的な環境問題のために向けられる。従ってこの段階では、工業化過程は環境問題を引き起こす可能性が高い。しかし、一人当たりGDP

---

[7] Copeland B. R. and M. S. Taylor (1994) "North-South trade and the environment", Quarterly Journal of Economics 109 (3), 755-787.
[8] Eunho Choi, Almas Heshmati and Yongsung Cho (2010) "An Empirical Study of the Relationships between CO$_2$ Emissions, Economic Growth and Openness", IZA Discussion Paper No. 5304 November 2010

が増加し、ある一定の値を超えると、人々の環境質への欲求が高まり、汚染物質の水準は一般的に減少する。この結合効果は、1人当たりGDPと汚染の水準の間の逆U字型の関係となる。

　一人当たりのGDPと様々な汚染の指標との間の逆U型の関係は環境クズネッツ・カーブ（Environmental Kuznets Curve）と呼ばれる。それはGrossman, G. M. and A. B. Krueger[9]によって導入された。これは、横軸を1人当たり所得（GDP）にして、縦軸を汚染物質濃度にすると、初めは1人当たりの所得（GDP）増加につれて環境汚染は増大するが、所得の増加がある分岐点を過ぎれば、環境汚染は低下に転ずる逆U字型の曲線となる。二つの変数の間のU字型や逆U字型の関係を示しているこのEKC仮説は、多くの分野に適用されたが、経済成長と環境の間の非線形の関係を意味する。多くの研究で貿易自由化と経済成長が環境に与える結果が検討された。さらに、近年の重要な課題である気候変動現象は、世界のエネルギーシステムとエネルギー利用の最も重要な結果であると考えられてきた。エネルギー使用に伴い発生する二酸化炭素（CO_2）は温室効果ガス排出量の最大の部分を占めており、環境問題の主な原因である。こうして、環境汚染、貿易自由化と経済成長の三者の間の因果関係を検討することが重要である。

2.1.2　Eunho Choi, Almas Heshmati and Yongsung Choの分析

　貿易と環境についてのこれまでの研究ではEKC理論を適用することによって、国際貿易の環境へ与える影響の理解を深めることに貢献した。そして、経済成長は環境を改善することができる。経済成長が環境の質を維持し、改善するために必要なことを示唆した。しかし、これまでの研究のほとんどは国による所得の違いを考慮しなかった。Eunho Choi, Almas Heshmati and Yongsung Cho（2010）は、発展のレベルを考察しての、CO_2と貿易自由化と経済成長の関係を比較することに焦点を当てた。EKC概念によるとCO_2排出量は、EKCしきい値前には、所得水準と貿易自由化の水準との間の正の相関があるこ

---

[9] Grossman, G. M., and A. B. Krueger (1991), "Environmental Impacts of a North American Free Trade Agreement", NBER Working Paper No. 3914.

と、そしてしきい値後には、負の相関があることが期待される。たとえば、二酸化炭素の排出と自由貿易の間にマイナスの相関があるならば、開放された市場による所得の増大につれて、温室効果ガス排出量は減少する傾向がある。同様に、CO_2排出量と自由貿易との間に正の相関がある場合は市場の開放による所得の増大により温室効果ガスが増大するので、その国は貿易自由化の最適なレベルまで達したとは言えない。EKCフレームワークは、一人当たりGDPと環境悪化の逆U字型の関係は局所的汚染物質（煤煙、微小粒子）について存在する。しかし、全地球的な汚染物質（たとえば国際的な規模の問題を引き起こす二酸化炭素の排出）についてのEKCの存在については、一致した意見はない。

Eunho Choi, Almas Heshmati and Yongsung Cho (2010) は、中国、韓国、日本をそれぞれ新興市場国、新興工業国、先進国を代表するものとみた、各国のCO_2排出量のトレンドに注目して、特性、成長、開放度や他の特徴な条件の下で開放度と一人当たりGDPとの関係を分析した。ここで、開放度(Openness)はつまり貿易自由化の尺度であり、与えられた年の国内総生産GDPに占める輸出入の割合の合計として測定した。その結果、韓国についてCO_2排出量と自由貿易は、逆U字関係をもつ。国の所得水準が高くないと環境について配慮しないが、自由化による経済発展がみられると環境質の劣悪化を抑える重要な役割を果たすことが示された。中国については開放度とCO_2排出量の間のU字型の曲線がみられた。分岐点を過ぎると国の環境の質が悪化し、開放度と環境の質の間には正の相関があった。これは、以下の状況を示すと見られる。開放政策を追求する発展途上国の市場は、高い経済成長を達成するために汚染集約的な産業を受け入れる傾向がある。したがって、市場が貿易自由化をすればするほど、途上国はより汚染を経験する可能性がある。これと対照的に、先進諸国は環境にやさしい産業を誘致するために、厳しい環境基準を一般的に適用するので、自由化をすればするほど汚染は減少する。

Eunho Choi, Almas Heshmati and Yongsung Choの回帰式は次のようである。

$$\ln CO_{2t} = a_0 + a_1 \ln GDP_t + a_2 (\ln GDP_t)^2 + a_3 (\ln GDP)^3 + a_4 \ln OPEN_t$$
$$+ a_5 \ln OPEN_t^2 + a_6 \ln RE_t + a_7 Trend_t + a_8 \ln FOP_t + \varepsilon_t$$

(2-3)

　CO_2は1人当たりのCO_2排出量を表し、それが低いレベルであれば、より良い環境の質を表す被説明変数である。主な説明変数は、1人当たりGDPの対数lnGDPと、外国との貿易依存度を表す貿易の開放度OPEN（＝（輸入＋輸出）/GDP）である。REは、廃棄物からの再生可能エネルギーの比率である。FOPは一人当たり化石燃料の消費量である。日本については、CO_2と開放度の関係は正の相関だった。韓国や中国では、CO_2排出量と国内総生産（GDP）は、正の長期的関係を持っていた。しかし、韓国のCO_2排出量と開放度は負の短期的な関係を持っていた。CO_2排出量とGDPの間には有意な短期的関係はなかった。中国については、CO_2排出量とGDPの連関のみ有意な正の関係を持っていた。したがって、中国では経済成長は短期的および長期的に両方のCO_2排出量を増加させた。

　ここで、本論文では中国の地域別のエネルギー消費データを利用して、CO_2の排出量を省別に推計した。中国経済発展の過程におけるCO_2排出量の変化によって各地域の地域性を明らかにするため、中国の地域別CO_2排出量変化の要因分析を行った。中国のCO_2排出量はどういう要因の影響を受けているかを明白にすることで、今後中国の環境問題と経済成長を両立するためどのような環境政策を実施すべきかがわかる。また、日中韓のCO_2の排出量を国別に推計し、国別の排出量変化の要因分析を行ったが、今後日中韓三国の経済発展と、経済関係のさらなる緊密によって自由貿易の拡大を通じて、環境を改善する可能性を検討することができる。

　以下、第2節でCO_2排出量の推計と要因分析について研究した。2.1節で、石油・石炭・天然ガスのエネルギー消費量を、CO_2排放係数を用いて中国各地域のCO_2排出量を計算した。2.2節で、Simple Average Divisia methods方法を利用して中国各地域について1995年から2008年までのCO_2排出量の変化を、CO_2原単位要因、エネルギー消費原単位要因、産業構造要因、第二次産業発展要因の4つの要因に分解した。2.3節で、以上で分解したCO_2原単位要因、エ

ネルギー消費原単位要因、産業構造要因、第二次産業発展要因4つの要因を具体的に分析し、中国のCO_2排出量は経済発展の影響を受けて、東部から中部と西部へと徐々に減っていく傾向が明らかであることを示した。第3節では、全国的に見ると一人当たりCO_2排出量変化観察し、東部が最も高く、その次は中部、最後は西部である。東から西へと徐々にCO_2排出が低下して行くという結果をみていく。第4節では、日本・韓国・中国の一人当たりCO_2排出量の変化はどのように変化しているのかを見るために、日本と韓国も中国と同じように一人当たり1995年～2008年のCO_2排出量を計算し、その変化を分析した。また、我々もEunho Choi, Almas Heshmati and Yongsung Cho (2010) のように、発展のレベルを考察することで、CO_2と輸入貿易と経済成長の関係を比較する。ここで注意すべき点は、Eunho Choi, Almas Heshmati and Yongsung Cho (2010) の開放度という概念と違って、この論文では輸入だけに焦点を当てるということである。

第2節　CO_2排出量の推計と要因分析

2.2.1　データと排出量変化の特徴

本論文では、1995年から2008年までの14年間における中国の省、自治区、直轄市別GDPのデータを『中国統計年鑑』(1996-2009) から取り上げ、石油・石炭・天然ガスのエネルギー消費量を『中国能源統計年鑑』(1996-2009) から取り上げた。このデータを用いて、2010年現在、台湾、香港、マカオを除くと中国本土31の省・自治区・直轄市行政地域があり、それ以前の重慶市のデータは四川省に含まれているので、ここでは1997年以降から、四川省と重慶市のデータを別々に計算している。

また、チベット自治区に関しては、『中国能源統計年鑑』に記載されているデータがごくわずかしかないことから、これを分析対象外にした。これらの結果、使用するデータは30の省・自治区・直轄市行政地域に関する14年間のデータとなる。以下、CO_2排出量計算の詳細について説明する。

各地域の粗付加価値は『中国統計年鑑』記載の各省、自治区、直轄市別GDP

を計上し、それを名目GDPから実質GDPに実質化したものを用いる。排出CO_2汚染量としては、『中国能源統計年鑑』に記載の石炭（石炭とコークス）・原油（原油、燃料油、ガソリン、灯油、軽油）・天然ガスのデータをCO_2排放係数（注10）を用いて計算したものを、中国各地域のCO_2排出量として求めた。
すなわち

$$C = coal（石炭）*0.7476 + crude\ oil（原油）*0.5825 \\ + natural\ gas（天然ガス）*0.4435 \quad\quad (2\text{-}4)$$

表2-1はこの公式（2-1）を利用して計算した1995年から2008年北京のCO_2排出量の値である。ここで、中国の省、自治区、直轄市別の行政地域を東部、中部と西部三つの大きな地域に分ける理由について説明する。東部とは、中国国内の沿海岸地域である。東部地域では対外開放などが積極的に進められた結果、1980年代は広州、深圳といった珠江デルタ地域、1990年代は上海を中心とした長江デルタ地域が目覚ましい発展を遂げた。この地域は、中国の改革開放政策を実施して以来、鋼鉄、石油化学、電子情報、紡績といった製造業が集中していて、外資系企業も多く進出している地域である。中部地域は、沿海岸地域に比較的に近い内陸地域であり、中国の主要な食糧生産基地、エネルギー原料基地、設備製造業基地であると同時に、総合交通運輸ハブでもある。1979年の改革・開放以降、一定の経済発展は遂げているものの、その速度は東部と比較して見劣りする。また、東部と中部には、中国75％以上の人口が集中している地域でもある。これに対し西部地域は内陸発展途上地域である。中国全国の陸地面積の56％をしめており、その人口の総計は2.85億であり、およそ全国の総人数の23％を占めている。西部地域の一人当たりGDPは15,000元である。

これは、沿海岸地域の一人当たり40,000ドルをかなり下回り、東部と西部の経済格差は大きくなっていることが浮かび上がる。次にこのような特色の

---

[10] 各国エネルギー物の化学成分が異なる事によって、各国で排出係数の値は異なるが、ここで使用した排放係数は中国国家発展改革委員会研究所が公表した中国CO_2排放係数

ある中国各地域がCO$_2$排出量についてどのような違いをもつかについて見ていく。

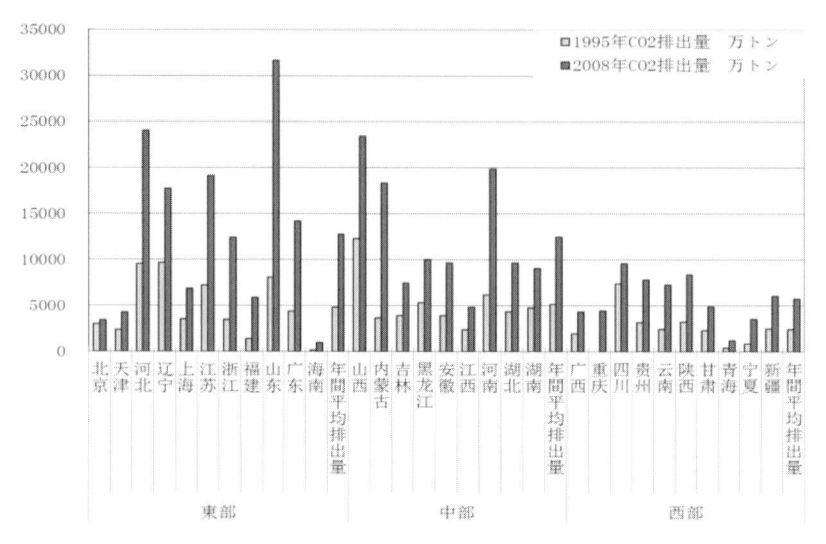

図2-1　中国各地域1995年と2008年のCO$_2$排出量比較
出所:『中国能源統計年鑑』1996と2009より作成

　図2-1は表2-2を元に、中国各地域を三つの地域に分けて、1995年と2008年の年間CO$_2$排出量を示した。1995年にCO$_2$年間排出量は5,000万トンを超える地域は山西、遼寧、河北、山東、四川、江蘇、河南のわずか7地域であった。しかし2008年までに排出量5,000万トンを超える地域が3倍も増えて21地域となった。そのうち年間排出量10,000万トンを越える地域が東部では、山東、河北、江蘇、遼寧、広東、浙江の6省である。中部では、山西、河南、内蒙古、と黒竜江の4省であり、中国全体で合計10省となった。

　これらの地域は東部つまり沿海部に位置する省が多い。中では、特に山東省の排出量が多く、2008年の値が1995年の値の約4倍となり、ほかの省を大きく上回っている。

表2-1　1995年～2008年北京のCO$_2$排出量（万トン）

		エネルギー消費量		CO$_2$排放係数	CO$_2$排出量
1995	煤炭	3192.7	煤炭	0.7476	2995.08
	石油	1043.26	石油	0.5825	
	天然气	1.16	天然气	0.4435	
1996	煤炭	3228.3	煤炭	0.7476	3070.86
	石油	1127.45	石油	0.5825	
	天然气	1.44	天然气	0.4435	
1997	煤炭	3061.1	煤炭	0.7476	2694
	石油	694.79	石油	0.5825	
	天然气	1.81	天然气	0.4435	
1998	煤炭	3160.5	煤炭	0.7476	2962.62
	石油	1026.9	石油	0.5825	
	天然气	3.74	天然气	0.4435	
1999	煤炭	3092.3	煤炭	0.7476	2963.05
	石油	1112.05	石油	0.5825	
	天然气	7.85	天然气	0.4435	
2000	煤炭	3169	煤炭	0.7476	3043.63
	石油	1149.61	石油	0.5825	
	天然气	10.9	天然气	0.4435	
2001	煤炭	3104.6	煤炭	0.7476	2998.36
	石油	1150.1	石油	0.5825	
	天然气	16.74	天然气	0.4435	
2002	煤炭	2909	煤炭	0.7476	2897.64
	石油	1225	石油	0.5825	
	天然气	21	天然气	0.4435	
2003	煤炭	3112.2	煤炭	0.7476	3038.74
	石油	1206.28	石油	0.5825	
	天然气	21.19	天然气	0.4435	
2004	煤炭	3394.7	煤炭	0.7476	3359.1
	石油	1389.25	石油	0.5825	
	天然气	27.02	天然气	0.4435	
2005	煤炭	3466.4	煤炭	0.7476	3439.07
	石油	1430.7	石油	0.5825	
	天然气	32.04	天然气	0.4435	
2006	煤炭	3404.6	煤炭	0.7476	3456.52
	石油	1533.42	石油	0.5825	
	天然气	40.65	天然气	0.4435	
2007	煤炭	3343.19	煤炭	0.7476	3561.33
	石油	1787.6	石油	0.5825	
	天然气	46.64	天然气	0.4435	
2008	煤炭	2980.6	煤炭	0.7476	3437.04
	石油	2028.9	石油	0.5825	
	天然气	60.7	天然气	0.4435	

エネルギー消費量単位：煤炭は万トン、石油は万トン、
天然气は億立方メートル
出所：『中国能源統計年鑑』よりエネルギー消費量を統計し、式（2-1）に従って計算

表2-2 中国各地域1995年と2008年のCO_2排出量（万トン）

中国各地域CO_2排出量（万トン）		1995	2008
東部	北京	2995.08	3437.04
	天津	2387.66	4295.45
	河北	9574.84	24020.49
	辽宁	9664.19	17696.43
	上海	3517.08	6862.81
	江苏	7269.43	19133.49
	浙江	3498.04	12413.35
	福建	1384.80	5899.38
	山东	8086.69	31673.26
	广东	4409.04	14211.83
	海南	170.42	981.16
	年間平均排出量	4814.3	12784.06
中部	山西	12290.34	23406.58
	内蒙古	3672.92	18347.82
	吉林	3888.6	7481.67
	黑龙江	5339.17	10031.21
	安徽	3873.21	9663.47
	江西	2406.26	4845.62
	河南	6189.19	19848.39
	湖北	4338.23	9668.74
	湖南	4762.4	9103.18
	年間平均排出量	5195.59	12488.52
西部	广西	1981.67	4347.64
	重庆	0	4448.35
	四川	7424.94	9647.2
	贵州	3158.14	7834.04
	云南	2437.14	7284.94
	陕西	3258.85	8423.98
	甘肃	2296.65	4863.35
	青海	438.11	1228.62
	宁夏	890.07	3566.34
	新疆	2520.54	6075.62
	年間平均排出量	2440.61	5772.01
中国全国年間平均CO_2排出量		4137.46	10358.05
中国全国年間合計CO_2排出量		124123.7	310741.4

エネルギー消費量単位：煤炭は万トン、石油は万トン、
天然气は億立方メートル
出所：『中国能源統計年鑑』よりエネルギー消費量を統計し、式（2-1）に従って計算

一方、東部に含まれる海南省は、CO_2排出量が全国で最も少ない省であり、山東省は海南省の約32倍となり、CO_2排出量の地域格差を浮かび上がる。

東部に続いて、中部地域では山西、河南、内蒙古のCO_2排出量は17,500万トンを超えて目立っている。これらの排出量が多い省は、いずれも軽重工業を持つ、あるいは人口・経済規模が大きい省であることがわかった。また、西部全体が中国の内陸に位置する、人口・経済・産業などが弱い地域であるため、緩やかな排出増加傾向を示している。

次に、中国全体として1995年と2008年の年間平均排出量を比較してみると、1995年の全国平均排出量が4,137.46万トンであり、2008年の全国平均排出量が10,358.45万トンであり、14年間に約2.5倍増大した。地域別でみると、東部地域は1995年間平均排出量が4,814.30万トン、中部の平均排出量が5,195.59万トン、西部が2,440.61万トンである。

1995年時点で中部地域の年間平均排出量は東部を上回っていた。中部と東部の年間排出量が西部の2倍よりも高く、全国年間平均排出量も上回った。2008年になると、東部の年間平均排出量が12,784.06万トンとなり、中部の12,488.52万トンを上回った。最後に西部の5,772.01万トンである。CO_2排出量は東部から中部と西部へと徐々に低下する傾向が明らかである。

2.2.2 要因分析の方法

以上では、中国各地域の1995年から2008までのCO_2排出量について地域格差とCO_2排出量変化の特徴を見てみた。ここでは、時間の変化に伴った同地域のCO_2排出量変化の特性を要因分析の方法で検証したい。方法としてはSimple Average Divisia methods の方法を使用した。

ここで、ある国（地域）のCO_2排出量を、

$$C_i = C_i/E_i \times E_i/Y_i \times Y_i/Y_{2i} \times Y_{2i} \tag{2-5}$$

と分解する、これは茅の恒等式である。

C_i ：CO_2排出量

E_i ：エネルギー消費量

Y_i ：地域内総生産（GDP）

Y_{2i} ：第二次産業地域内総生産

i ：国あるいは地域

この式は、CO_2排出量C_iが四つの要因、つまりC_i/E_iのエネルギー消費あたりCO_2排出量とE_i/Y_iのGDP 1 単位当たりエネルギー消費量、さらにY_i/Y_{2i}というGDPに占める第二次産業のGDPの比率の逆数（第二次産業の比率低下の汚染への影響）とY_{2i}という第二次産業付加価値（CO_2排出量の第二次産業の規模要因）の四つの要因の積で表されるということを示す。

ただし

C_i/E_i は（CO_2原単位要因）

E_i/Y_i は（エネルギー消費原単位要因）

Y_i/Y_{2i} は（産業構造要因）

Y_{2i} は（第二次産業発展要因）

このとき、CO_2排出量の変化（ΔC）は、次のように4つの要因に分解できる。

ここで、C_tとC_0はそれぞれ基準年1995年と比較年2008年のCO_2排出量を表すと、この2時点のCO_2排出量の変化は、以下の式で表せる。

$$\Delta C_i = C_{it} - C_{i0} \qquad (2\text{-}6)$$

この排出変化量の変化を4つの要因に分解すると、以下の式となる。

$$\Delta C_i = \Delta C_{tec} + \Delta C_{int} + \Delta C_{str} + \Delta C_{ce} \qquad (2\text{-}7)$$

とおくと、

ただしΔC_{tec}は汚染源単位変化要因、ΔC_{int}はエネルギー原単位変化要因、ΔC_{str}は産業構造変化要因、ΔC_{ce}は第2次産業成長要因を示す。Simple Average Divisia methodsにおいて（2-7）は次の式で計算できる。[11]

---

[11] 張宏武(2003)『中国の経済発展に伴うエネルギーと環境問題　部門別・地域別の経済分析』渓水社

$$\Delta C_i = 0.5(C_{i0} + C_{it}) \cdot \ln[(C_{it}/E_{it})/(C_{i0}/E_{i0})]$$
$$+ 0.5(C_{i0} + C_{it}) \cdot \ln[(E_{it}/Y_{it})/(E_{i0}/Y_{i0})]$$
$$+ 0.5(C_{i0} + C_{it}) \cdot \ln[(Y_{it}/Y_{2it})/(Y_{i0}/Y_{2i0})]$$
$$+ 0.5(C_{i0} + C_{it}) \cdot \ln(Y_{2it}/Y_{2i0})$$

(2-8)

以上の式から、CO_2排出量の変化は、CO_2原単位要因、エネルギー消費原単位要因、産業構造要因、第二次産業発展要因の４つの項に分解することができる。

CO_2原単位要因はエネルギー消費当たりのCO_2排出量で、エネルギー源の構成の変化を表す指標である。エネルギー消費原単位要因は単位付加価値の産出あたりのエネルギー消費で、エネルギー消費効率の指標である。産業構造要因は第２次産業の生産ウエートの変化による全産業のCO_2排出への影響を表す。第二次産業発展要因は、第二次産業経済規模の変化がどれだけCO_2排出の増減を影響しているのかを表している。

2.2.3 要因分析の結果

ここから、上の方法を用いて中国各地域について1995年から2008までのCO_2排出量の変化を、CO_2原単位要因、エネルギー消費原単位要因、産業構造要因、第二次産業発展要因の４つの要因に分解した。図2-2と図2-3は表2-3のデータを用いて作成した1995年から2008までCO_2排出量変化の要因分析図である。2008年中国全体でのCO_2排出量は310,741.41万トン、1995年の124,123.71万トンより186,617.70万トン増加した。14年間で、年間平均１億トン強の増加ペースで増加している。全体で増加した186,617.70万トン排出量のうち、CO_2原単位要因が-15,755.79万トンのマイナス、エネルギー消費原単位要因が-167,311.319万トンのマイナス、産業構造要因135,730.647万トンのプラス、第二次産業発展要因が244,109.509万トンのプラスという結果が出た。このうち、産業構造要因と第二次産業成長要因が大きな影響を働いたことがわかった。

表2-3　CO₂排出量の要因分析の結果

		CO₂原単位要因	エネ消費原単位要因	産業構造要因	第二次産業成長要因
東部	北京	-2904.21	-3141.26	3842.15	2645.99
	天津	-491.58	-4003.37	1939.17	4518.08
	河北	16.3	-13746.52	9486.85	19693.34
	遼寧	819.72	-14057.52	7996.48	13517.04
	上海	-720.9	-4715.92	4611.1	4295.12
	江蘇	-2259.9	-8351.25	8166.54	15220.48
	浙江	-1869.07	-2435.4	5059.67	9321.24
	福建	600.63	-1190.81	1915.15	3953.47
	山東	2571.91	-11739.56	9992.76	26316.09
	広東	-160.84	-6557.81	6216.19	11399.56
	海南	-704.85	913.54	241.77	557.44
中部	山西	-550.31	-20947.53	8986.77	24009.1
	内蒙古	-1631.25	-5234.34	3831.89	20744.14
	吉林	-297.42	-5866.03	3177.22	6706.62
	黒龍江	1412.8	-7456.75	5388.93	5501.55
	安徽	379.2	-4263.82	4594.01	5478.69
	江西	100.61	-3662	1371.73	4727.82
	河南	651.44	-9086.7	6382.82	17223.48
	湖北	72.5	-5354.32	5057.56	5837.07
	湖南	-572.96	-6204.96	3577.33	7692.16
西部	広西	-175.42	-2294.9	2006.1	2950.67
	重慶	-181.41	-1795.39	1841.68	2538.39
	四川	-4046.25	-4506.68	5001.56	5786.31
	貴州	426.7	-4589.56	2927.54	6228.49
	雲南	436.33	-2660.88	3663.48	3883.83
	陝西	-2832.08	-2861.56	2158.34	9082.94
	甘粛	-240.26	-3329.53	2492.39	3763.37
	青海	-669.82	61.84	296.26	1171.06
	寧夏	-476.54	-591.64	916.55	3244.37
	新疆	-1437.17	-1779.19	1656.83	5341.02

出所：式（2-8）に従って計算した

　地域別のCO₂増加でみると、北京、天津、上海、福建、江西、広西、海南、重慶、青海、寧夏、新疆は緩やかな排出増加傾向を示しており、これ以外の地域は急激な増加ペースでCO₂排出量を増加している。このうち、要因の大きさから見るとどの地域においてもCO₂排出量を増加したのは第二次産業成長要因であった。すべての地域において第二次産業成長要因がプラスになった。

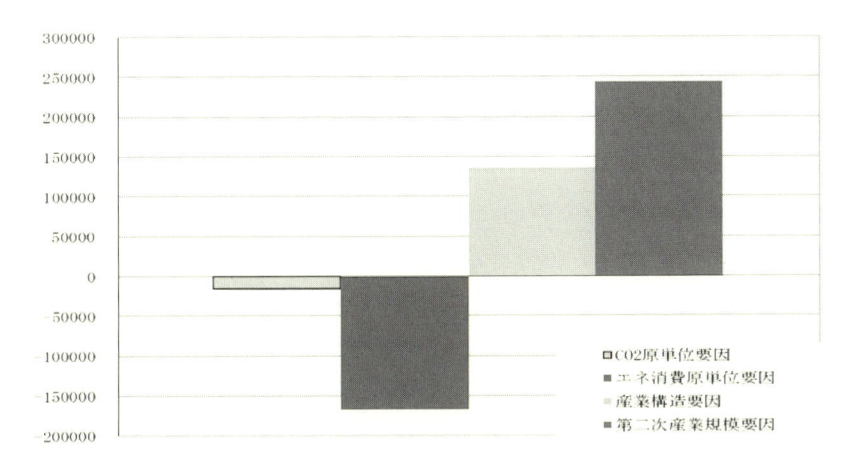

図2-2　1995年から2008まで中国一人当たりCO$_2$排出量変化の要因分析
出所：表2-3のデータを用いて作成

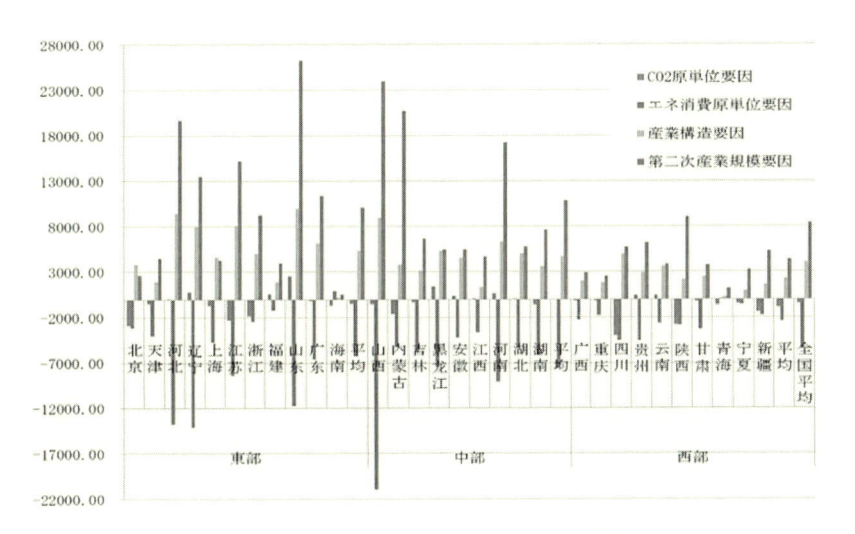

図2-3　中国各地域1995〜2008年CO$_2$排出量の要因分析
出所：表2-3のデータを用いて作成した（単位：万トン）

　一方、これと対照的にエネルギー消費原単位要因が海南以外の地域で全てマイナスとなった。エネルギー消費原単位要因は第二次産業経済発展要因と

逆の働きをしていて、CO_2排出削減に大きく貢献していることがわかる。大ざっぱに言って第二次産業成長要因が大きい地域はエネルギー消費原単位も引き下げ要因としても強く働いている。特に大きいこの二つの要因のどちらが強いかによって、この地域のCO_2排出量の増減傾向が決まることになる。

また、CO_2原単位要因はそれほど大きくないが、大半の地域で産業構造要因がプラスになっている。CO_2原単位要因は一部の地域、遼寧、福建、山東、黒竜江、安徽、河南、貴州、雲南でその影響が微小であり、これは単位エネルギーあたりのCO_2排出量がなかなか改善しない、つまりエネルギー転換効率が悪いという実情が浮かび上がる。産業構造要因はほとんどの地域でプラスとなり、第2次産業の比率の低下がCO_2排出を増加させており、これらの地域の産業構造の転換はCO_2排出を増大させたことがわかる。

総括的に言えば、東部のCO_2排出は、経済によることがわかる。中部と西部のCO_2排出は、産業構造とエネルギー利用効率の低下によることがわかる。全体として、第二次産業経済発展要因が大きく働いている。中国の大気汚染問題はそのエネルギー消費構造と密接な関連を持っている。即ち、基本的に産業発展、生活水準の発展とも技術的低いために熱効率が低く、単位GDP当たりのエネルギー消費が多く、一次エネルギーの70%が石炭で占められていることからCO_2排出量は相対的に一層多くなっている。

第3節 地域別の一人あたりCO_2排出量変化の要因分解

前章では、地域ごとのCO_2排出量変化を見た。しかし、これらの地域の面積の大小によって排出量は変化する。地域別のCO_2排出量変化を相対的に捉えるために一人当たりで見る必要がある。ここで、一人当たりのCO_2排出量を計算する。方法としては前章で使用したSimple Average Divisia methods法である。

ここで、ある国（地域）の一人当たりCO_2排出量を、

$$C_i = C_i/E_i \times E_i/Y_i \times Y_i/M_i \times M_i/P_i \qquad (2\text{-}9)$$

と分解する、これは茅の恒等式である。

　この式は、CO_2排出量C_iが四つの要因、つまりC_i/E_iのエネルギー消費あたりCO_2排出量とE_i/Y_iのGDP 1単位当たりエネルギー消費量、さらにY_i/M_iは生産物における輸入品が占める比率の逆数、すなわち輸入品の比率の低下＝国産品の比率の上昇を示す要因、M_i/P_iは一人当たり輸入量であり、経済の国際化の規模を示す要因の四つの要因の積で示されることをあらわす。

ただし

P_i　　：地域内総人口

C_i/P_i：一人当たりCO_2排出量

このとき、一人当たりCO_2排出量の変化（Ci/Pi）は、次のように4つの要因に分解できる。

ただし

C_i/E_i はCO_2原単位要因

E_i/Y_i はエネルギー消費原単位要因

Y_i/M_i は生産の国内比率要因

M_i/P_i は（一人当たり輸入量で経済の国際化の規模要因）

　ここで、C_tとC_0はそれぞれ基準年1995年と比較年2008年のCO_2排出量を表すと、この2時点のCO_2排出量の変化は、以下の式で表せる。

$$\Delta C_i / P_i = C_{it}/P_{it} - C_{i0}/P_{i0} \qquad (2\text{-}10)$$

この排出変化量の変化を4つの要因に分解すると、以下の式となる。

$$\Delta C_i = \Delta C_{tec} + \Delta C_{int} + \Delta C_{str} + \Delta C_{ce} \qquad (2\text{-}11)$$

とおくと、Simple Average Divisia methodsによる計算式は

$$\Delta C_i/P_i = 0.5(C_{i0}/P_{i0} + C_{it}/P_{it}) \cdot \ln\left[(C_{it}/E_{it})/(C_{i0}/E_{i0})\right]$$
$$+ 0.5(C_{i0}/P_{i0} + C_{it}/P_{it}) \cdot \ln\left[(E_{it}/Y_{it})/(E_{i0}/Y_{i0})\right]$$

$$+0.5(C_{i0}/P_{i0}+C_{it}/P_{it})\cdot \ln\left[(Y_{it}/M_{it})/(Y_{i0}/M_{i0})\right]$$
$$+0.5(C_{i0}/P_{i0}+C_{it}/P_{it})\cdot \ln(M_{it}/P_{it})/(M_{i0}/P_{i0}) \qquad (2\text{-}12)$$

　以上の式から、一人当たりCO_2排出量の変化は、CO_2原単位要因、エネルギー消費原単位要因、生産の国内比率要因、一人当たり輸入量で経済の国際化の規模要因の4つの項に分解することができた。CO_2原単位要因はエネルギー消費当たりCO_2排出量で、エネルギー源の構成の変化を表す指標である。エネルギー消費原単位要因は単位付加価値あたりのエネルギー消費で、エネルギー消費効率の指標である。生産の国内比率要因は輸入規模の拡大によってCO_2排出への影響を表す。一人当たり輸入量で経済の国際化の規模要因は、一人当たり輸入規模の変化がどれだけCO_2排出の増減を影響しているのか表している。

　表2-4は中国各地域を30地域に分けて、1995年から2008年まで一人当たりCO_2排出量の変化である。これは、地域別の人口を『中国統計年鑑』記載の各省、自治区、直轄市人口データを利用して計算した。

　図2-4のように、中国各地域においてCO_2原単位要因の影響はもっとも小さく、1を超える地域は存在しなかった。中では上海が0.591のプラスとなり、これ以外の地域でごく微小変化を示している。これは上海では、エネルギーの汚染削減効率が悪いといえる。また、全国的にみて東部地域の天津、河北、上海、江蘇、福建、山東、広東、中部地域の吉林、黒竜江、安徽、江西、河南、湖北、西部地域の甘粛、青海、寧夏、新疆などの地域が僅かながらプラスとなり、これらの地域は汚染削減のそのエネルギー転換効率を高める必要があると考えられる。

　エネルギー消費原単位要因は海南以外、ほとんどの地域でマイナスとなり、CO_2排出減少に貢献している。中でも北京、天津、遼寧、上海、山西、内蒙古、吉林などの地域は比較的に大きい。つまり、中国の一人当たりエネルギー効率が非常に高いといえる。生産の国内比率要因をみると、15の地域ではマイナスとなり、これらの地域では輸入の拡大がCO_2排出増大をもたらして。またすべての地域におい一人当たり輸入量で経済の国際化の規模要因が全ての地

域においてプラスとなり、これは中国全体の経済規模の拡大により輸入の規模も増大し、一人当たりでみるとプラス方向へと増加させることである。

表2-4 一人当たりCO_2排出量の要因分析の結果 単位：万トン

	CO_2原単位要因	エネ消費原単位要因	生産の国内比率要因	一人当たり輸入量で経済の国際化の規模要因
北京	−0.093	−4.064	−4.227	8.016
天津	0.007	−4.168	0.154	5.137
河北	0.001	−2.013	−1.232	5.306
山西	−0.016	−6.523	−3.365	12.842
内蒙古	−0.009	−2.862	2.478	7.546
遼寧	−0.042	−3.085	−1.315	6.225
吉林	0.134	−2.431	1.088	2.482
黒龍江	0.178	−1.777	0.394	2.419
上海	0.591	−3.796	−2.587	6.954
江蘇	0.138	−1.553	−2.171	5.144
浙江	−0.093	−0.782	−0.992	3.640
安徽	0.127	−0.764	−0.804	2.433
福建	0.164	−0.331	0.291	1.262
江西	0.069	−0.900	−0.918	2.274
山東	0.202	−1.192	−1.603	5.354
河南	0.115	−1.018	−0.390	2.865
湖北	0.166	−1.088	0.040	1.875
湖南	−0.002	−1.060	0.526	1.242
広東	0.228	−0.997	0.527	1.139
広西	−0.008	−0.514	0.028	0.982
海南	−0.068	0.319	−0.018	0.864
重慶	−0.016	−0.665	−0.043	1.630
四川	−0.014	−0.908	0.029	1.439
貴州	−0.004	−1.119	0.767	1.587
雲南	−0.004	−0.503	0.394	1.181
陝西	−0.049	−1.494	1.192	1.747
甘粛	0.131	−1.523	−1.387	3.722
青海	0.023	−1.164	−0.070	2.602
寧夏	0.024	−1.824	−0.932	7.246
新疆	0.004	−1.638	1.675	1.337

出所：『中国統計年鑑』記載の各省、自治区、直轄市人口データより (2-12) 式に従って作成

次に、三つの地域の特徴について少し述べる。東部地域では海南を除いて、北京、天津、河北、遼寧、上海の北部地域とそれ以外の江蘇、浙江、福建、

山東、広東の南部地域に分けてみる。前者北部においてエネルギー原単位要因がマイナス方向に大きくなっているが、一人当たり輸入量で経済の国際化の規模要因が大きくプラス方向に働いている。さらにCO_2原単位要因について上海が最も高くなっていて、それ以外の地域はそれほど大きくない。後者の南部の地域ではエネルギー消費原単位のマイナスはそれほど大きくなく、一人当たり輸入量で経済の国際化の規模要因も弱い。CO_2原単位要因も小さく、福建、山東、広東以外の地域はそれほど大きくない。エネルギー消費原単位要因が強く働いている地域では、一人当たり輸入量で経済の国際化の規模要因も強く働いている。

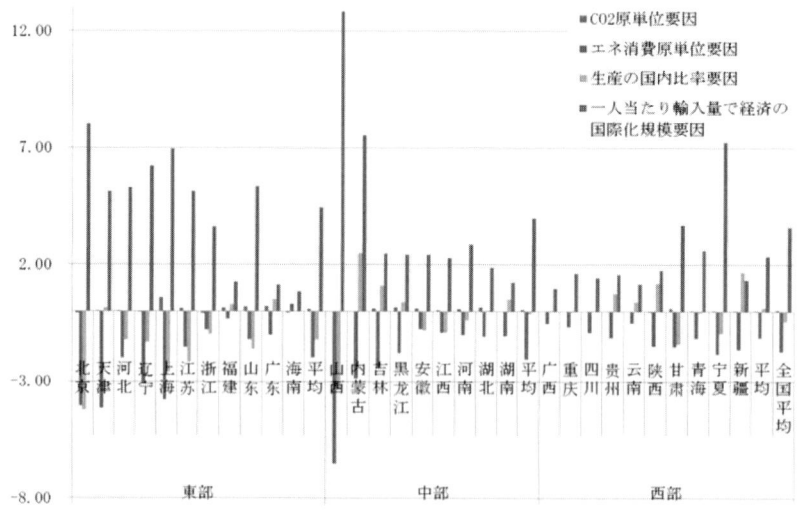

図2-4　中国各地域一人当たりCO_2排出量の要因分析

出所：表2-4より作成　単位：万トン

中部地域では、特に目立っているのは、山西、内蒙古の二つである。他の地域と分けてみるのが良い。この二つの地域では、一人当たり輸入量という経済の国際化の規模要因が一人当たりCO_2を増加させているようにみえるが、前述したように近年この両地域の経済規模の拡大により輸入の規模も増大し、一人当たりでみるとCO_2をプラス方向へと増加させるのである。中部地域

はとくにエネルギー消費原単位要因もCO_2原単位要因も東部地域と似ていて、あまり強くない。CO_2原単位要因について山西、内蒙古両地域がマイナスであり、吉林、黒竜江、安徽、江西、河南、湖北などが僅かなプラス値となる。

全体的に見てみると、中部地域は東部地域とほぼ同じような変化を示していて、山西、内蒙古、両地域の一人当たりCO_2排出量は他の地域よりはるかに高い。中部地域のCO_2排出格差が非常に大きい。

また、西部地域では、西南部の広西、重慶、四川、貴州、雲南地域はほぼ生産の国内比率要因もエネルギー消費原単位要因もあまり強くない。CO_2原単位要因について西南部の広西、重慶、四川、貴州、雲南地域は全てマイナス値となっている。それと重慶以外の地域において一人当たり輸入量という経済の国際化の規模要因がすべてマイナス値である。西北部の陝西、甘粛、青海、寧夏、新疆では全体的に西南部より一人当たりCO_2排出量の変化は高く、プラスの一人当たり輸入量という経済の国際化の規模要因とマイナスのエネルギー消費要因が強いことが受けられる。中でも特に寧夏地域の一人当たりCO_2排出量が高い。CO_2原単位要因については陝西がマイナスと、それ以外の地域が僅かなプラスとなっている。

最後に全国的に見ると一人当たりCO_2排出量変化は、東部が最も高く、その次は中部、最後は西部である。東から西へと徐々にCO_2排出が下落している。

第4節　日中韓一人当たりCO_2排出量変化の比較

以上で中国各地域について1995年から2008年までのCO_2排出量の変化を、CO_2原単位要因、エネルギー消費原単位要因、産業構造要因、第二次産業発展要因の4つの要因を分解した。また一人当たりCO_2排出量の変化は、CO_2原単位要因、エネルギー消費原単位要因、生産の国内比率要因、一人当たり輸入量という経済の国際化の規模要因の4つの項に分解することができた。ここで、日本・韓国・中国の一人当たりCO_2排出量の変化はどのような要因によって変化しているのかを見るために、日本と韓国についても中国と同じように一人当たり1995年～2008年のCO_2排出量を計算し、その変化要因を分析する。

表2-5 日中韓の一人当たりCO₂排出量の変化

	CO₂原単位要因	エネ消費原単位要因	生産の国内比率要因	一人当たり輸入量で経済の国際化の規模要因
中国	0.0479	-1.4749	-0.5180	3.3784
日本	0.9749	-3.0296	-20.4333	22.1025
韓国	-4.476	-1.9702	-21.0236	32.0775

出所：筆者作成

　図2-5、2-6、2-7は表2-5により作成した中国、日本、韓国一人当たりCO₂排出量変化の要因分解の図である。図から読み取れるように中国、日本においてCO₂原単位要因の影響はもっとも小さいが、僅かなプラスとなる。韓国のCO₂原単位要因の影響は逆にマイナスとなり、その影響はそれほど大きくない。CO₂原単位要因はエネルギー消費当たりCO₂排出量で、エネルギー源の構成の変化を表す指標である。つまり中国、日本、韓国において、日本と中国のCO₂原単位要因が似ている。韓国もそれほどの差がないことがわかる。

　エネルギー消費原単位要因は中国、日本、韓国ですべてマイナスとなっている。エネルギー消費原単位要因は単位付加価値あたりのエネルギー消費で、エネルギー消費効率の指標である。特に日本の一人当たりエネルギー効率が非常に高いといえ、CO₂排出量の削減に貢献していることがわかる。その次が韓国、中国は三番目となっている。これは、中国と韓国がさらにエネルギー消費効率を向上させる余地があることを示している。今後、日中韓の貿易の拡大によって、技術の導入などにより改善することを期待できるであろう。

　ついで生産の国内比率要因をみると、中国、日本、韓国ですべてマイナスとなり、輸入の拡大が三国共にCO₂排出減少に貢献していることがわかる。最後に一人当たり輸入量で経済の国際化の規模要因が全ての地域においてプラスとなり、これは中国、日本、韓国の経済規模の拡大により輸入の規模も増大し、一人当たりでみるとプラス方向へと増加させることを示す。

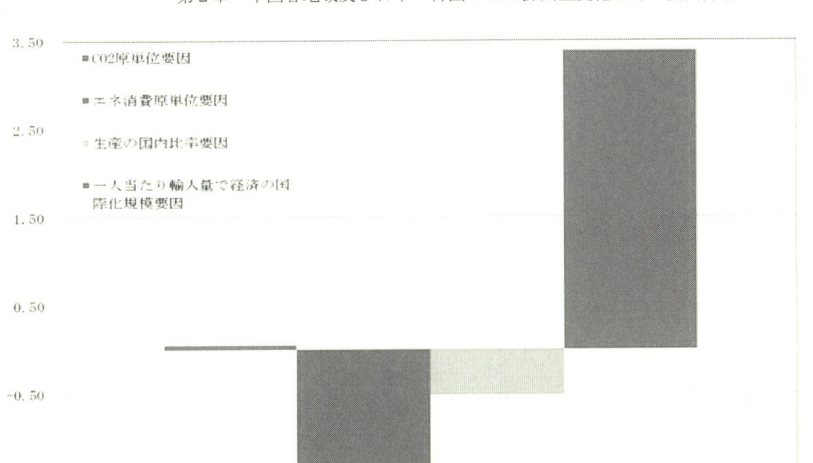

図2-5　中国一人当たりCO₂排出量変化の要因分解

出所：筆者作成

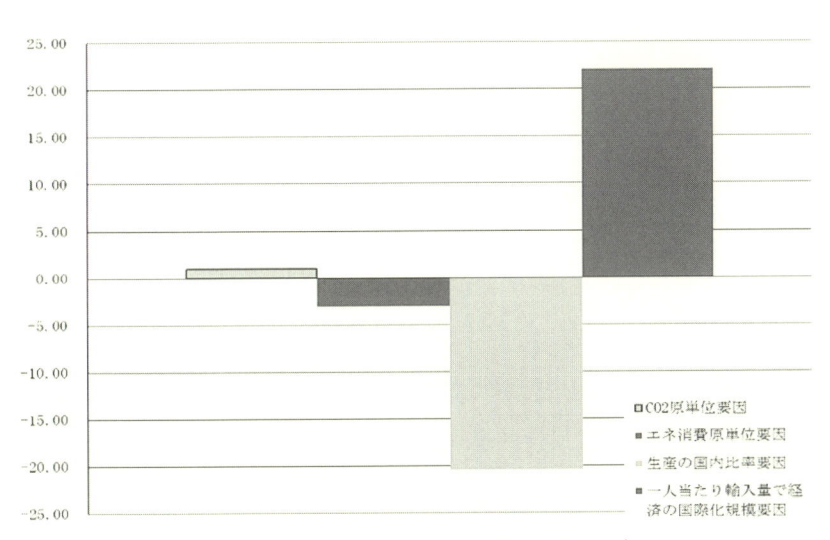

図2-6　日本一人当たりCO₂排出量変化の要因分解

出所：筆者作成

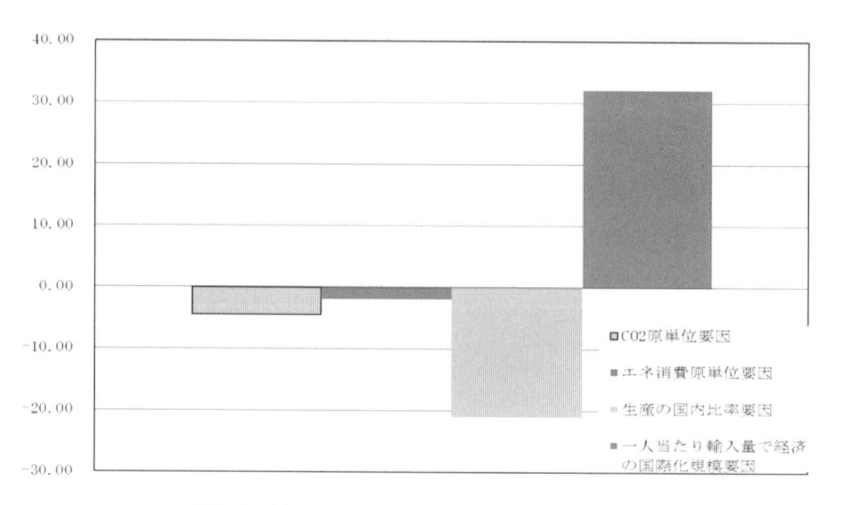

図2-7　韓国一人当たりCO_2排出量変化の要因分解
出所：筆者作成

第5節　まとめ

　以上の内容をまとめてみると、第1節では中国CO_2排出量要因分析の研究の背景とその目的について述べた。中国は目覚しい経済成長を示し、世界経済の成長の中心となっている。同時に、急激な工業化、人口増加、各地域経済格差の下で、大気汚染、水質汚濁等の産業公害、都市型公害等の環境問題が深刻化しつつある。また、エネルギー消費増大に伴うCO_2排出増加による気候変動、酸性雨問題等の地球環境問題でも世界の焦点の一つとなっている。この背景の下で、中国経済発展の過程で起ったCO_2排出量の変化について各地域の特性を明らかにするため、中国の地域別CO_2排出量変化の要因分析を行った。

　第2節では、CO_2排出量の推計と要因分析を行った。まず、2.1項で、GDPのデータを『中国統計年鑑』(1996-2009)から取り上げ、石油・石炭・天然ガスのエネルギー消費量を『中国能源統計年鑑』(1996-2009)から取り上げて、CO_2排出係数を用いて中国各地域のCO_2排出量を計算した。また、中国の省、自治区、直轄市別の行政地域を東部、中部と西部三つの大きな地域に分けて

中国各地域の地域性を説明した。最後に、図表を用いて、中国全体、あるいは地域別のCO$_2$排出量の1995年から2008年までの変化の特徴を明らかにした。

　2.2節では、Simple Average Divisia methods法を利用して中国各地域について1995年から2008までのCO$_2$排出量の変化を、CO$_2$原単位要因、エネルギー消費原単位要因、産業構造要因、第二次産業発展要因の4つの要因に分解した。CO$_2$原単位要因はエネルギー消費のCO$_2$排出量で、エネルギー源の構成の変化を表す指標である。エネルギー消費原単位要因は単位付加価値の産出あたりのエネルギー消費で、エネルギー消費効率の指標である。産業構造要因は各産業の生産ウエートの変化による全産業のCO$_2$排出への影響を表す。第二次産業発展要因は、第二次産業経済規模の変化がどれだけCO$_2$排出の増減に影響しているのか表している。

　2.3節で、以上で分解したCO$_2$原単位要因、エネルギー消費原単位要因、産業構造要因、第二次産業発展要因の4つの要因を比較分析し、要因の大きさから見るとどの地域においてもCO$_2$排出量を増加したのは第二次産業成長要因であった。すべての地域において第二次産業成長要因がプラスになったということがわかった。中国のCO$_2$排出量は経済発展の影響を受けて、東部から中部と西部へと徐々に減っていく傾向が明らかである。

　第3節では、中国の一人当たりCO$_2$排出量変化について観察した。全国的に見ると、東部地域全体はほぼ同じような変化を示していて、中部地域では、山西、内蒙古、両地域の一人当たりCO$_2$排出量は他の地域よりはるかに高い。中部地域はCO$_2$排出格差が非常に大きい。また、西部地域では、西南部の広西、重慶、四川、貴州、雲南地域はほぼ経済成長要因もエネルギー消費原単位要因もあまり強くない。一人当たりCO$_2$排出量でも同じような変化量を示している。中国全体としての都市人口比率は30％程度で、そう高くはない。しかし人口及び経済活動は、比較的に集中しており、都市は巨大化しており、東部地域つまり沿海部を中心に労働集約型産業が集中している。このような産業構造はエネルギー産業やCO$_2$排出量を高めて、その地域の環境負荷受容能力を低下する結果となっている。また、一次エネルギーの70％が石炭で占められていることからCO$_2$排出原因の大部分を占めている。中国の今後の環境対策と

して、産業部門でエネルギー利用効率の向上、エネルギー源の石炭に対する依存度を低減し、グリーンエネルギーを大きく発展することが望まれている。

第4節では、日中韓三国の一人当たりCO_2排出量の変化を、CO_2原単位要因、エネルギー消費原単位要因、生産の国内比率要因、一人当たり輸入量という経済の国際化の規模要因の4つの項に分解した。中国、日本、韓国のCO_2排出要因が似ていることがわかった。

Copeland and Taylor (1994) は自由貿易は環境へ3つのタイプの影響を持っている。その中で、自由貿易は環境問題に対する人々の関心とそれらの理解を呼び起こす。そのため人々は効果的な公害防止と管理政策を要望する。このように、自由貿易を通じた技術波及の効果は、環境を改善する面があると述べた。

Eunho Choi, Almas Heshmati and Yongsung Cho (2010) では、CO_2排出量を減らすことは国際的約束や国の法律上の要件ではない。したがって、各国は自国の国益を反映して、通常、独自の削減目標を設定した環境政策を策定し、実施する傾向がある。さらに、地球全体についての尺度を開発し、それを実施することは難しいだろうと言っている。こうして、環境を改善するための自主的な取り組みは、これまでのところ唯一の現実的なアプローチとなっている。その結果、CO_2排出量は経済が拡大し続けるにつれて、増加する傾向があることを示唆している。CO_2排出量削減は緊急な地球規模の問題となっており、CO_2排出量の削減の尺度を開発することは急務となっている。CO_2は局所的（地域）汚染物質でなく世界的なものであるが、かなりの先進国（日本などの）ではCO_2排出量を減らすことができる可能性があるし、CO_2排出量は、国際協力によって低減することもできる。特に、環境に配慮するほど国民の所得水準が高くないなら、貿易自由化は環境の質の悪化に影響を及ぼす重要な要因である可能性が高い。韓国のケースでは、国の経済発展のレベルはCO_2排出量と開放度に大きな影響を持っていた。韓国が転換点に達したとき、開放度と汚染排出の関係はマイナスになった。これは、韓国がよりオープンになったときに、汚染が減少することを示唆する。韓国にとっては、自由貿易は環境問題に対する重要な解決策である可能性を示した。自由貿易による所得水

準の増加は国民の生活水準を引上げた。そして、国民は環境の質に関心を持つだけでなく、環境財の消費を増やす。

　今後、中国、日本、韓国の経済規模の拡大によりこの三国間の輸入の規模はさらに拡大し、日中韓の貿易の拡大によって、また貿易による技術の導入などにより中国と韓国はさらにエネルギー消費効率を改善することを期待できるであろう。日本も貿易の拡大によって、新たな省エネ技術と環境技術を開発することに意欲をもつだろう。経済の発展と共に、国民の環境保全という意識がさらに高まり、この三国の環境経済政策の実施あるいは経済と環境を両立させる経済政策の導入に良い影響を与えると考えられる。

第3章　中国各地域環境クズネッツ曲線の推定

第1節　環境と成長の両立と環境クズネッツ曲線

3.1.1　研究の目的

　クズネッツ曲線とは、所得分配の不平等性は経済発展の初期段階では上昇するものの、経済発展がさらに進むと、不平等性はやがて改善する方向に転じるというように横軸に経済発展段階を、縦軸に所得配分を取る時の逆U字型曲線である。環境クズネッツ曲線（EKC）は経済成長が環境に与える影響を分析する際に、この所得分配の不平等性を環境の汚染度（CO_2、SO_2、などの汚染物質）という概念に置き換えたものである。つまり、環境に配慮した持続可能な経済発展という立場に立ったとき、ある分岐点以降は環境問題と経済発展の両立は実現可能であるという考えである。

　本章は、前章で紹介した様々な実証分析に踏まえて、環境データを被説明変数とし、平方値を含む所得データを説明変数とする回帰式を用いて、中国各地域環境クズネッツ曲線の分析をした。中国のエネルギー環境問題は経済発展の地域格差のため複雑になり、そのため地域別の環境対策に対する研究が必要である。ここで、本章は中国の地域別のエネルギー消費データを利用して、CO_2の排出量を省別に推計した。中国の省、自治区、直轄市別の行政地域を東部、中部と西部の三つの大きな地域に分けて、それぞれの地域のクズネッツ曲線の特徴を見ていった。これによって、中国経済発展の過程で所得分配の変化によるCO_2排出量の変化について各地域の特性を明らかにするこ

とができる。今後中国のCO₂排出量が一部の地域で改善する見通しであるが、一部地域のCO₂排出分岐点が突出的に高く、長い間中国経済が継続的に発展すると、CO₂排出量は確実に増加することに間違いはないであろう。また、CO₂排出削減コストなどの問題を絡めて、今後中国のCO₂排出削減問題を一層難しくなると予想される。

3.1.2 環境クズネッツ曲線に関する先行研究

経済成長と環境保全の両立を図る研究は多くなされており、その中で環境問題と持続的な経済発展の関係を究明する1つの仮説として登場したのが「環境クズネッツ曲線（Environmental Kuznets Curve）仮説」である。これは、横軸を1人当たり所得（GDP）にして、縦軸を汚染物質濃度にすると、初めは1人当たりの所得（GDP）の増加につれて環境汚染が増大し、所得の増加につれある分岐点を過ぎれば、環境汚染は低下に転ずる逆U字型の曲線となる。この「環境クズネッツ曲線（Environmental Kuznets Curve）」（以下EKC仮説と略称する）のもともとの起源は、クズネッツ（Kuznets, 1955）によって考案された「クズネッツ曲線」である。クズネッツ曲線とは、所得分配の不平等性は経済発展の初期段階では上昇するものの、経済発展がさらに進んでいくと、それはやがて改善する方向に転じ、逆U字型となるというものである。環境クズネッツ曲線とは、経済成長が環境に与える影響を分析する際に、この所得分配の不平等性を環境の汚染度（CO₂、SO₂、などの汚染物質）という概念に置き換えたものである。つまり、環境に配慮した持続的可能な経済発展であるという立場に立ち、環境問題と経済発展の両立は実現可能であるという考えになる。

環境クズネッツ曲線(EKC)仮説を早い段階で実証分析したのがGrossman, G. M and A. B. Kruegerが1991年に表した"Environmental Impacts of a North American Free Trade Agreement"―北米の自由貿易協定が環境に与える潜在的な影響―という研究である[12]。彼らによると、自由貿易が環境に与える潜

---

[12] Grossman, G. M., and A. B. Krueger (1991), "Environmental Impacts of a North American Free Trade Agreement", NBER Working Paper No. 3914.

在的な影響を、構造効果（composition）、規模効果（scale）、と技術効果（technique）の三種類に分ける。世界保健機構（WHO）と国連環境計画の共同プロジェクGEMS（Global Environmental Monitoring System）による42カ国のパネルデータを使って、二酸化硫黄（SO_2）と煤煙と大気中浮遊粒子状物質（SPM）の３種類の環境汚染物質と国民所得間の関係を分析した。推定式は、購買力平価で示された一人当たりのGDPの３次式であり、タイムトレンドと貿易の集約度を表す変数を追加した。

汚染物質濃度

$$lnC = a + b_1 ln(GDP) + b_2 [ln(GDP)]^2$$

一人当たり所得（GDP）

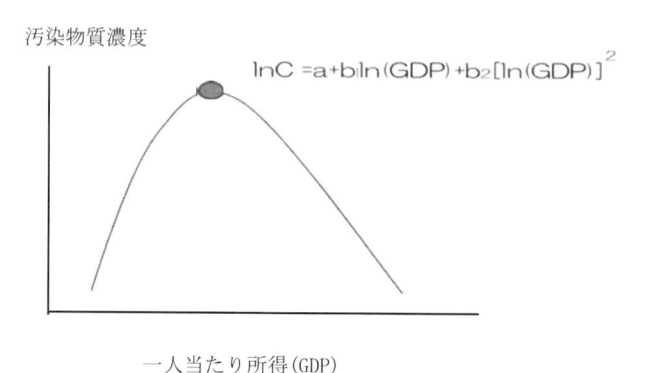

図3-1　環境クズネッツ曲線

この分析によると、SO_2や煤煙と一人当たりGDP間で一人当たりGDPが4,000ドルから5,000ドルくらいになると逆U字の関係が現れることを示した。SPMについでは環境クズネッツ曲線（EKC）が確認されなかった。また、３種類の環境汚染物質について、一人当たりGDPが中低水準の時には改善されが、１万ドル以上になるとむしろ悪化する傾向に転じるという結果を得た。

その後、1992年に、Shafik and Bandyopadhyayは環境に関する10種類の異なる指標を使用してEKC仮説を分析した[13]。1960年から90年までの149カ国のパネルデータと、一人当たりのGDP（購買力平価）データ（国あるいは特定都市）

---

[13] Shafik, N. and S. Bandyopadhyay (1992), "Economic Growth and Environmental Quality: Time Series and Cross-country Evidence", Background Paper for the World Development Report, WPS904, The World Bank, Washington DC.

を使い、対数線形式（log-linear）、対数二次式（log-quadratic）、対数三次多項式（logarithmic cubic polynomial）の3つの異なる推定式を使用して、EKC仮説の分析に試した。

具体的に、環境質つまり汚染物質指標(E)と一人当たりGDP(Y)間の関係を説明するには以下のようにその関係を説明した。

また、汚染物質指標について、生活用水の不足、都市下水の不足、SPMの濃度、SO_2の濃度、森林の年間破壊量、森林の総合破壊、河川の酸素、河川中の大腸菌、一人当たり都市廃棄物、一人当たりCO_2排出量という10種類の環境汚染指標を使用した。

1. $E_i = a_1 + a_2 \log Y + a_3 \, time$
2. $E_i = a_1 + a_2 \log Y + a_3 \log Y^2 + a_4 \, time$
3. $E_i = a_1 + a_2 \log Y + a_3 \log Y^2 + a_4 \log Y^3 + a_5 \, time$

これをそれぞれ対数式にすると

4. 対数線形式（log-linear）　　　$\varepsilon = a_1$
5. 対数二次式（log-quadratic）　$\varepsilon = a_1 + 2a_2 \log Y$
6. 対数三次多項式（cubic）　　　$\varepsilon = a_1 + 2a_2 \log Y + 3a_3 \log Y^2$

$$\varepsilon_i = \log E_i$$

となっている。

その実証分析の結果、一酸化炭素（CO）、窒素酸化物（NO_x）、SO_2などでは、一人当たりのGDPの増加と共に排出量が上昇していき、ピークを迎えた後に低下していくという結果が得られる。これは環境クズネッツ曲線（EKC）がはっきりあてはまったことを表す。我々のとりあげる一人当たりCO_2排出量について、そのピークを迎える一人当たりGDPはなんと700万ドルとかなり高い水準を示している。これは、CO_2のEKCは、単調増加していき、排出量のピークをほとんど持たないことを意味する。

Eunho Choi, Almas Heshmati and Yongsung Cho (2010)[14]は中国、韓国、日本はそれぞれ新興市場、新興工業国、先進国を表すとし、CO_2排出量（1971～2006）に年間時系列データを用いてEKCを推定した。特に、中国、韓国、日本のEKCの存在に焦点を当てている。なぜなら中国、韓国、日本はそれぞれ新興市場、新興工業国、先進国を表し、異なるEKCをもっていると考えられるとしたからである。

　以上のことを踏まえて、EKC仮説は今日中国の環境問題とどのように直結しているのか、また、これらの原因は何か、このような問題をどのように改善すべきであるかといった問題を解明する際に重要な意味を持つ。

第2節　データと回帰分析の結果

3.2.1　データについて

　本論文では、1995年から2008年までの14年間における中国の省、自治区、直轄市別GDPのデータを『中国60年統計資料汇編』（1996-2009）から取り、実質一人当たりGDPを求めた。石油・石炭・天然ガスのエネルギー消費量を『中国能源統計年鑑』（1996-2009）から取った。2010年現在、台湾、香港、マカオを除くと中国本土30の省・自治区・直轄市という行政地域について14年間のデータで、CO_2排出量を計算した。1995以前の重慶市のデータは四川省に含まれているので、ここでは1995年と1996年四川省から重慶市のデータを分離してそれぞれに計算している。チベット自治区に関しては、『中国能源統計年鑑』に記載されているデータがごくわずかしかないことから、これを分析対象外にした。これらの結果、使用するデータは30の省・自治区・直轄市行政地域に関する14年間のデータとなる。

---

[14] "An Empirical Study of the Relationships between CO_2 Emissions, Economic Growth and Openness" IZA Discussion Paper No. 5304 November 2010

3.2.2. 回帰分析の結果

　本章は前章で紹介した1992年に、Shafik and BandyopadhyayのEKC仮説に従い、一人当たりのGDP（購買力平価）データを使い、線形式（linear）、二次式（quadratic）、対数三次多項式（logarithmic cubic polynomial）の３つの異なる推定式を使用して、EKC仮説の検証を行う。

　また、汚染物質指標について、一人当たりCO_2排出量E_iという環境汚染指標を使用した。

線形式（linear）

$$E_i = a + b_1 GDP \tag{3-1}$$

二次式（quadratic）

$$E_i = a + b_1 GDP + b_2 GDP^2 \tag{3-2}$$

対数三次多項式（cubic）

$$E_i = a_1 + \beta_1 \log GDP + \beta_2 (\log GDP)^2 + \beta_3 (\log GDP)^3 \tag{3-3}$$

となっている。

　EKC仮説を検証するために、パラメータの推定値が以下の条件を満たす必要がある。

$$b_1 > 0、および b_2 < 0 (|\beta_1| > |\beta_2|)$$

　被説明変数$\varepsilon_i = \log E_i$は環境汚染を示すデータ（CO_2）として、説明変数Yは環境クズネッツ曲線の逆U字を検証するため、回帰式に含まれる変数（1人当たり所得）を示す。

　各地域についてそれぞれの回帰式で計算し、5％有意水準で回帰分析結果

を示している。まず、F値の統計結果から見ると、統計的に有意である。回帰式別でみると、回帰式 (3-1) の場合でF値が最小、回帰式 (3-2) から増大傾向にあり、回帰式 (3-3) の場合が最も大きい。環境クズネッツ曲線の検証では、一人当たり所得の増加と伴にCO_2排出量が増加から減少へと転換する分岐点を見ることがとくに重要である。以下で北京と天津の両地域でその分岐点を計算した。

回帰式 (3-2) の場合を例にして、その分岐点は

= -b /(2*a)

である。

北京の試算結果から計算すると

= -2.598 / [2*(-0.047)]＝27.46（千元）

である。

そして天津では

= -4.679 / [2*(-0.053)]＝44.14（千元）

である。

つまり、回帰式 (3-2) の場合に北京では一人当たり所得が2.746万元の分岐点でCO_2排出が増加から減少へと転じる。天津では一人当たり所得が4.414万元の分岐点でCO_2排出が分岐点を迎え、増加から減少へと転じる。

回帰式 (3-1) (3-2) (3-3) の分析結果からは北京の (3-1) (3-2) (3-3)、天津の (3-3)、雲南の (3-2) (3-3) 以外の地域すべて単調増加していき、排出量のピークがほとんど得られないという分析結果を示している。これらの結果よりShafik and Bandyopadhyay のEKC仮説にまったく同調していて、CO_2の環境クズネッツ曲線は得られていない。

表3-1　中国各地域環境クズネッツ曲線分岐点

	二次式推計分岐点	三次式推計分岐点	2008年実質一人当たりGDP
北京	2.7465	5.4784	3.6237
天津	4.4141		4.1827
河北	2.2107	7.7139	1.6621
遼寧	2.9766	1.8751	2.4762
上海	3.7988		5.6742
江蘇	5.2655	8.9657	3.1206
浙江	17.8109		3.1289
福建	4.4072	6.609	2.4847
山東	3.2514	4.5431	2.4495
広東	0.3828	40.2197	2.8319
海南	-0.5579		1.405
東部	4.8666	6.0991	3.0036
山西	1.6143		1.2992
内蒙古	4.4793		2.2053
吉林	1.9643	2.16	1.7055
黒龍江	4.8805		1.8466
安徽	0.4899	0.8599	1.1295
江西	1.8586	1.4833	1.0343
河南	1.7028	1.7822	1.276
湖北	2.2552	3.7589	1.4019
湖南	1.5424	1.8014	1.217
中部	1.974	2.1629	1.4573
広西	1.2481	1.3836	1.0877
重慶	0.6171	0.9072	1.3945
四川	1.9079	1.6137	1.1214
貴州	0.6497	1.0067	0.5511
雲南	0.9913	0.9771	0.878
陝西	1.4965	1.9782	1.1927
甘粛	2.653	0.4637	0.7832
青海	0.6818		1.1588
寧夏	1.3012	1.2749	1.0723
新疆	6.2228	11.9773	1.2472
西部	1.3487	2.1944	1.0487
全国	2.0898	2.3108	1.5087

出所：筆者作成

第3節　環境クズネッツ曲線の回帰分析

　図3-2は表3-1により作成した中国各地域環境クズネッツ曲線分岐点を表すグラフである。まず、二次式で推計した分岐点について説明する。海南で-5,579元という結果をえられた以外、上海、広東、海南、安徽、重慶、青海、新疆地域においで、環境クズネッツ曲線を確認できなかった。前で紹介したように、二次関数 $y = ax^2 + bx + c$ の時 $a > 0$ の時二次関数 y のグラフは下に凸、$a < 0$ の時下に凹という性質から、上海、広東、海南、安徽、重慶、青海、新疆地域においで、定数 $a > 0$ であるから、グラフは下に凸の普通のU字の型をしている。二次式の場合では環境クズネッツ曲線は逆U字ではない。また、これらの地域のうち、広東、安徽、重慶、新疆地域は三次式の推計式でその環境クズネッツ曲線を得たが、上海、海南、青海地域については三次式の環境クズネッツ曲線の分岐点が得られなかった。これは、CO_2排出がこれから一人当たりGDPの増加につれて頂点の示す最小値の点を越えれば、ちょうどU字グラフの右半分にあたり、これから一人当たりGDPの増加と共にCO_2排出は単調増加するという結論になる。

　次に三次式の推計結果について、天津、上海、浙江、海南、山西、内モン

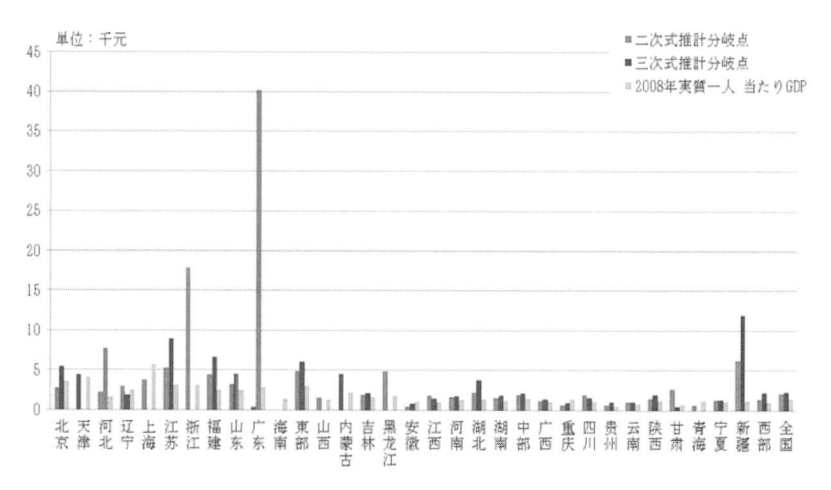

図3-2　中国各地域推計した分岐点と実質GDPの比較

出所：表3-1より作成

ゴル、黒竜江、青海が分岐点を得られなかった。これ以外の地域では、それぞれ環境クズネッツ曲線の分岐点が推定された。二次式では、上海、広東、海南、安徽、重慶、青海、新疆地域以外すべての地域で環境クズネッツ曲線が成立した。つまりこれらの地域において定数a＜0であるからグラフは下に凹の逆U字の型をしていて、環境クズネッツ曲線に当てはまる。下に凹の逆U字の型をしているグラフの頂点に対応するx軸の値つまり最大値を与える点が分岐点である。推計した分岐点と現在の一人当たりGDPを対照して、この分岐点より小さいならば、環境クズネッツ曲線の左部分にあたり、一人当たりGDPの増加につれてCO_2排出が増加し、CO_2排出がピークを迎え（つまり分岐点を越えれば）、やがて減少していくことを示す。

　一見して読み取れるのは、二次式の場合東部地域の分岐点の値が突出的に高いことである。その内、浙江地域の分岐点が全国的に最も高い。実に一人当たり所得が178,109元になると、CO_2排出がピークを迎える。海南が-5,579元という結果と広東の3,828元を除いて、分岐点が最も低い地域は河北地域の22,07元である。三次式の場合も同じく、東部地域の分岐点の値が最も高い。しかし、推計結果により、分岐点のGDPの値がもっとも高いのが東部地域の広東の実に402,197元であり、最も低いのが西部地域の甘粛の4,637元である。三次式の分岐点の推計値が二次式よりも高い結果となっているのは一目瞭然である。

　東部地域について、二次式では、天津が44,141元、江蘇が52,655元、浙江が178,109元、福建が44,072元と四つの地域の分岐点が4万元を超えていた。残りの北京が27,465元、河北が22,107元、遼寧が29,766元、上海が37,988元、山東が32,514元と五つの地域の分岐点が2万元から3万元になる。上海、広東、海南地域は環境クズネッツ曲線が当てはまらない。残りの東部地域では、北京だけが分岐点を越えて一人当たりGDPの増加につれてCO_2排出が減少するという結果となった。天津、河北、遼寧、江蘇、浙江、福建、山東いずれの地域もまだ分岐点に到達していない。そして、東部地域の分岐点は平均して48,666元となっていて、2008年時点の実質GDPは30,036元であり、両者の間には大きな差があることがわかる。全体的にみると環境クズネッツ曲線の左側

にいると考えられる。つまり、これから長期間にわたって一人当たりGDPの増加につれてCO_2排出が増加することが予想される。

同じく東部地域の三次式の推計結果を見ると、分岐点は北京が54,784元、河北が77,139元、遼寧が18,751元、江蘇が89,657元、福建が66,090元、山東が45,431元、広東が402,197元となっている。分岐点をもたない地域を除いて、50,000元を超える地域が、北京、河北、江蘇、福建となる。広東の40,2197元が最も高く、遼寧の18,751元が最も低い地域である。三次式の場合、東部地域の全体の分岐点は60,991元となって、二次式の場合の48,666元よりも高くなっている。

続いて中部地域では、二次式推計値の分岐点の中で最も高いのが黒竜江の48,805元であり、最も低いのが（安徽の4,899元を除いて）湖南の15,424元である。分岐点が4万元を超える地域は内モンゴルの44,793元と黒竜江の48,805元の両地域である。それ以外の地域では、山西が16,143元、吉林が19,643元、江西が18,586元、河南が17,028元、湖北が22,552元、湖南が15,424元と六つの地域が1万5千元から2万元近い水準となっている。中部地域の分岐点は19,740元であり、この内、安徽が環境クズネッツ曲線に当てはまらない。中部地域の山西、内モンゴル、吉林、黒竜江、江西、河南、湖北、湖南という地域もまだ分岐点に到達していない。

これと比べ、三次式の推計値では、最も高いのが湖北地域の37,589元であり、最も低いのが安徽地域の8,599元である。これ以外、吉林が21,600元、広西が14,833元、河南が17,822元、湖南が18,014元である。中部地域全体の分岐点が21,629元であり、二次式の場合の推計値19,740元よりはやや高くなっている。安徽地域と広西地域以外、すべての地域の分岐点が15,000元を超えている。これを実質GDPと比べると、中部地域においでほとんど分岐点に未到達という結果が確かである。

中部地域が東部地域に比べ、全体的に環境クズネッツ曲線の左側にあり、分岐点にも近いようにみえるが、中部地域の一人当たり所得が比較的低く、また内モンゴル、黒竜江、江西、湖北などの地域が分岐点から大きく離れ、長い間に一人当たりGDPの増加につれてCO_2排出が増加することが予想され

る。

　最後に、西部地域について、二次式の場合（新疆地域の62,228元を除いて）最も高いのが甘粛の26,530であり、最も低いのが貴州の6,497元である。この内重慶、青海、新疆地域が環境クズネッツ曲線に当てはまらない。最高の甘粛の他に四川が19,079元と２万元水準に近くなっている。また、西部地域の平均の分岐点が13,487元となっていて、広西が12,481元、四川が19,079元、貴州が6,497元、雲南が9,913元、陝西が14,965元、甘粛が26,530元、寧夏が13,012元と全地域がその分岐点を越えていない。

　三次式の推計値を見ると、分岐点の最も高いのが新疆の11,9773元であり、最も低いのが甘粛地域の4,637元である。新疆が依然とこの西部地域中で最も高いが、甘粛が二次式の時26,530元であり、三次式では4,637元となった。これは回帰式のOLSの結果が不安定のために、計算方法を改善する必要がある。これ以外の地域では、広西が13,836元、重慶が9,072元、四川が16,137元、貴州が10,067元、雲南が9,771元、陝西が19,782元、寧夏が12,749元となり、多少の変化があるが、二次式の推計値とほぼ一致している。西部地域全体の平均の分岐点が21,944元となり、二次式の時の13,487元よりかなり高くなった。2008年実質１人当たりGDPと比べると、１倍くらい高くとなっているから、今後西部地域のCO_2排出が１人当たりGDPの増加につれて増加する傾向が明らかである。

　全国的に見ると、二次式では、東部地域の分岐点が最も高く48,666元となっている。その次が中部地域の分岐点であり19,740元であり、西部地域の分岐点が最も低く13,487元となっている。三次式では、東部地域の分岐点が最も高く60,991元となっている。しかし西部地域が21,944元となり、中部地域の21,629元よりも高くなっている。環境クズネッツ曲線が成立しない地域を除いて、北京だけ一人当たりGDPが分岐点を越えて、環境クズネッツ曲線の右側に到達している。中国全体として、今後一人当たり所得の増加と供にCO_2排出も増加することは確実である。

　上海、海南、青海、地域では環境クズネッツ曲線の分岐点が成立しなかったが、これは、推定結果から見れば、推計値に不安定がみられる。

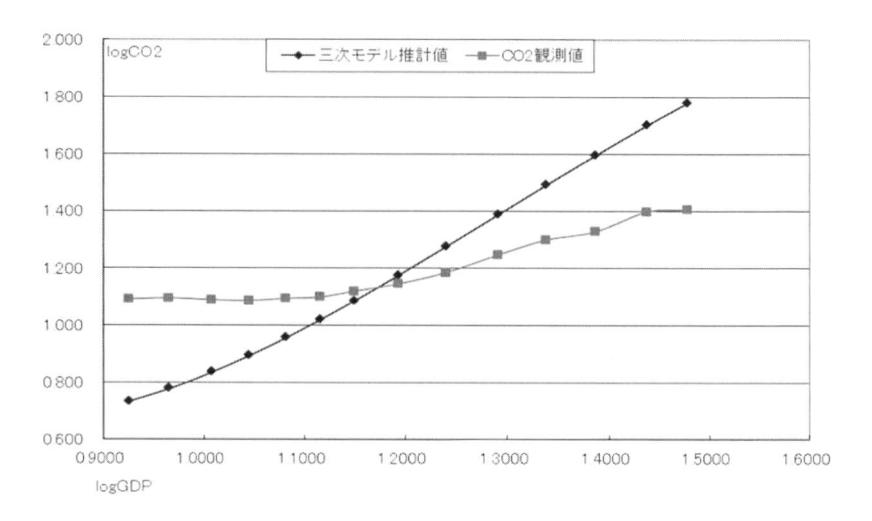

図3-3　東部環境クズネッツ曲線三次モデル

出所：筆者作成

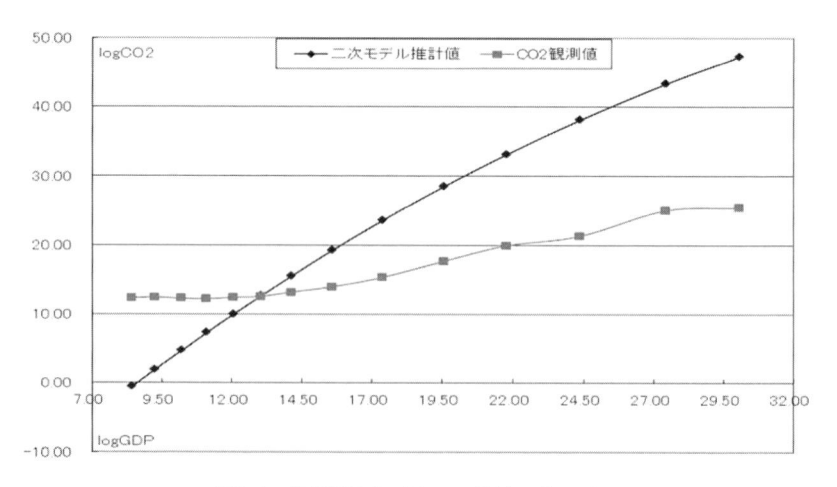

図3-4　東部環境クズネッツ曲線二次モデル

出所：筆者作成

　図3-3、3-4は東部地域の三次モデルと二次モデルの推計値の環境クズネッツ曲線である。これは、前で出した推計値で示されたように、東部地域全体

としては、二次モデルも三次モデルも1人当たりCO_2排出はまだ環境クズネッツ曲線の左側の上昇段階にあり、今後も1人当たりGDPの増加につれて1人当たりCO_2排出も増加すると予測される。東部地域は1995年から2000年あたりまでは、一人当たりGDPの増加が比較的に緩やかであり、1人当たりCO_2排出量も同様である。2001から2008年まで、1人当たりGDPの急増加につれて1人当たりCO_2排出も急激に増加した。

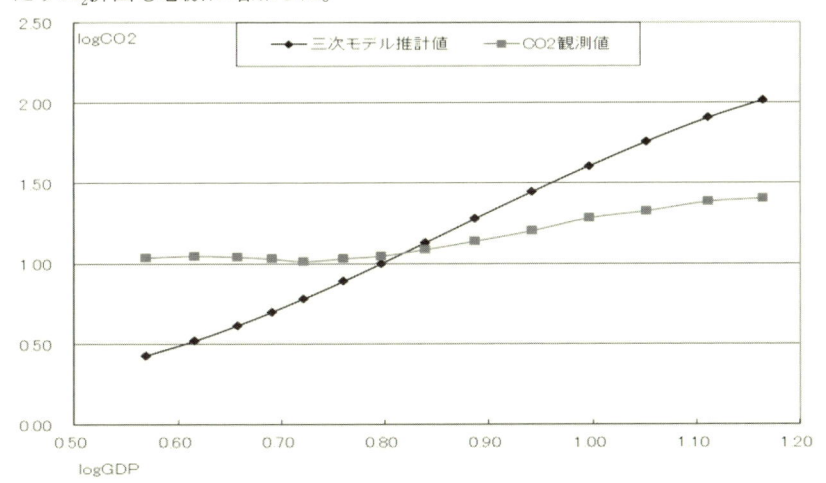

図3-5　中部地域環境クズネッツ曲線三次モデル

出所：筆者作成

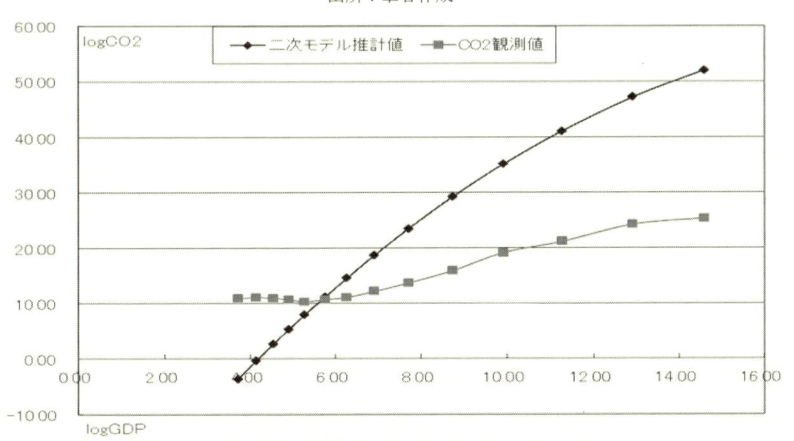

図3-6　中部地域環境クズネッツ曲線二次モデル

出所：筆者作成

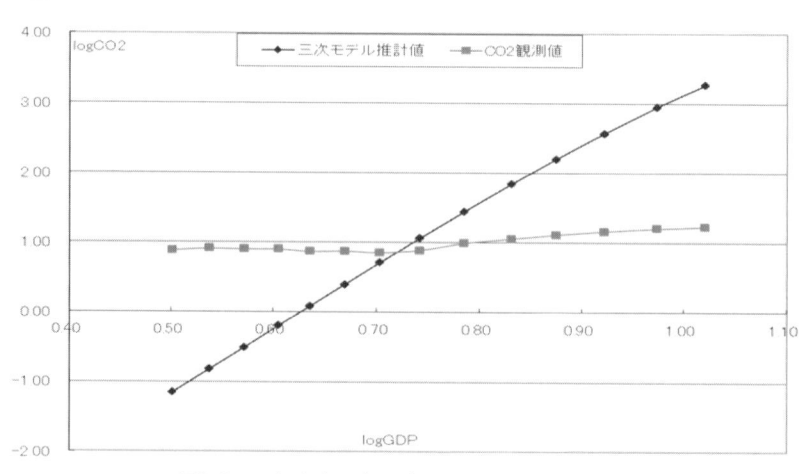

図3-7　西部地域環境クズネッツ曲線三次モデル

出所：筆者作成

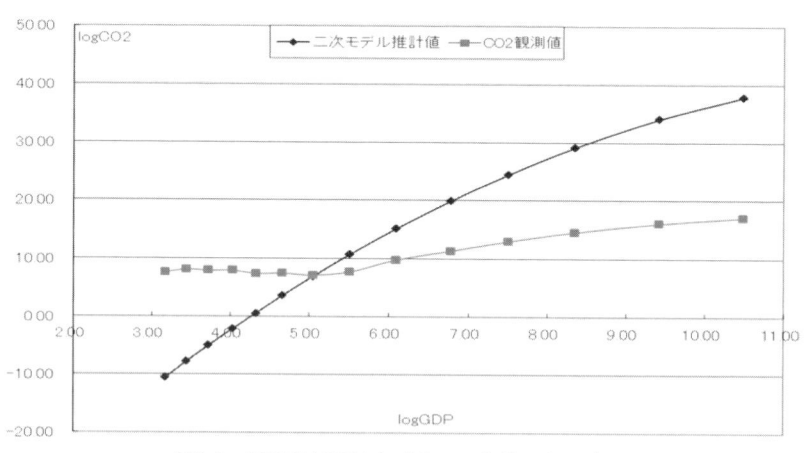

図3-8　西部地域環境クズネッツ曲線二次モデル

出所：筆者作成

　図3-5、3-6は中部地域の三次モデルと二次モデルの推計値の環境クズネッツ曲線である。中部地域全体としては、二次モデルも三次モデルも東部地域と同じように、1人当足りCO_2排出はまだ環境クズネッツ曲線の左側の上昇段階にあり、今後も1人当たりGDPの増加につれて1人当たりCO_2排出も増加することが予測できる。中部地域は1995年から1999あたりまでは、一人当たりGDPの増加が比較的に緩やかであるため、1人当たりCO_2排出量が1999年まで

に微小な減少をした。しかし、2000年から2008年まで、1人当たりGDPの急増加につれて1人当たりCO_2排出も急激に増加した。

図3-7、3-8は西部地域の三次モデルと二次モデルの推計値の環境クズネッツ曲線である。西部地域全体としては、二次モデルも三次モデルも東部地域と中部地域と同じように、1人当たりCO_2排出はまだ環境クズネッツ曲線の左側の上昇段階にあり、今後も1人当たりGDPの増加につれて1人当たりCO_2排出も増加することが予測される。しかし、西部地域では1995年から2002年までは、一人当たりGDPが増加したが、1人当たりCO_2排出量が減少を続けた。翌年の2003年から2008年まで再び減少から増加へと転じた。

図3-9、3-10は中国全国の環境クズネッツ曲線である。上の環境クズネッツ曲線からみると、回帰式(3-1)(3-2)(3-3)の分析結果からは北京の(3-1)(3-2)(3-3)、天津の(3-3)、雲南の(3-2)(3-3)を除いて、すべての地域ではその環境クズネッツ曲線が単調増加していき、CO_2の排出のピークをまだ超えていないという分析結果を示している。これらの結果（二酸化炭素CO_2）の分析においてはShafik and BandyopadhyayのEKC仮説にまったく同調していて、CO_2の環境クズネッツ曲線が得られていない。

本論文が研究する対象であるCO_2の排出について、中国政府は2020年までの温室効果ガスの排出削減をめぐる行動目標を発表し、国内総生産（GDP）あたりの二酸化炭素（CO_2）排出量を2005年比で40％から45％削減すると発表した。こうした中国政府の政策の後押しを受けて、今後中国のCO_2排出量が一部の地域で改善する見通しはあるが、一部地域のCO_2排出分岐点が突出的高く、長い間中国経済が継続的に増加すると、CO_2排出量は確実に増加することになるであろう。また、CO_2排出削減コストなどの問題も含めて、今後中国のCO_2排出削減問題は一層難しくなると予想される。

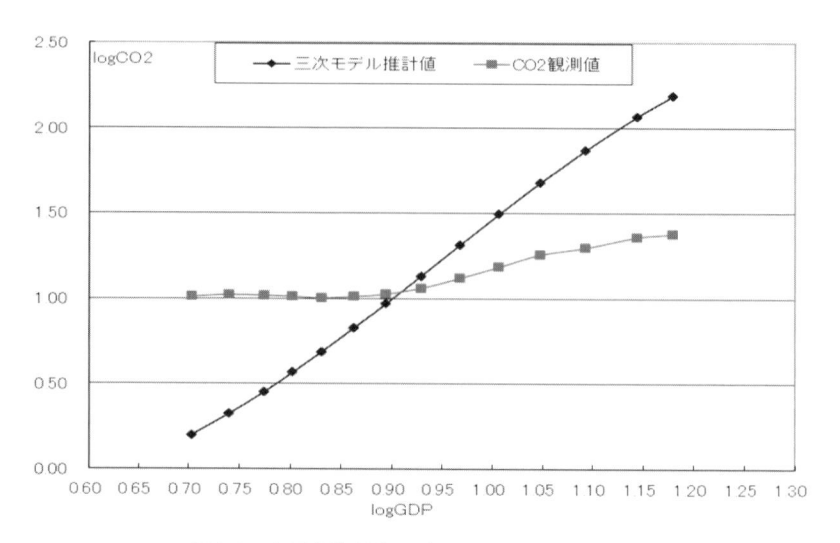

図3-9　中国全体環境クズネッツ曲線三次モデル

出所：筆者作成

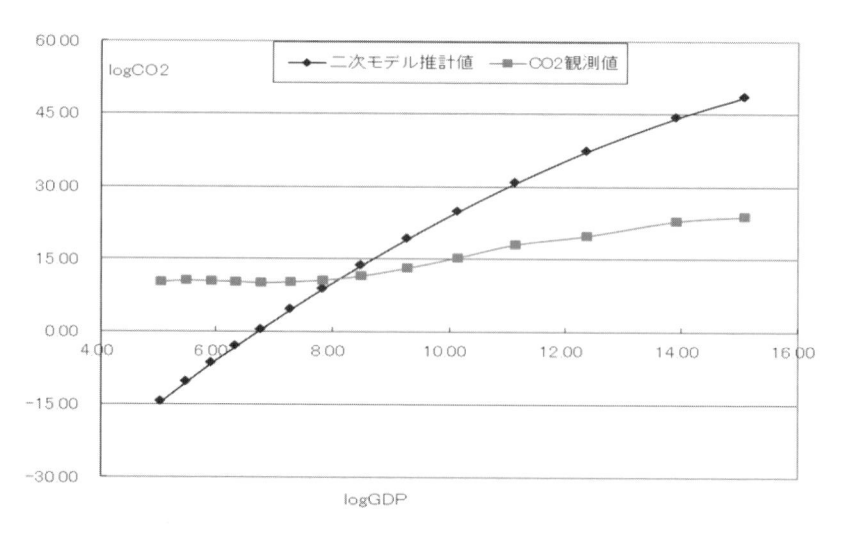

図3-10　中国全体環境クズネッツ曲線二次モデル

出所：筆者作成

第4節　まとめ

　本章は1995年から2008年までのCO_2排出量のデータを用いて、各地域の環境クズネッツ曲線を推定した。パラメータは5％水準で有意性を持つことも示されている。ただし、回帰式 (3-3) における一部地域のパラメータ推定値の安定性に疑問を残す結果となった。一見してほとんどの地域は単調増加しているが、高レベル1人当たり所得の地域と低レベル1人当たり所得の地域の増加ペースは違う。

　Eunho Choi, Almas Heshmati and Yongsung Cho (2010) は中国、韓国、日本はそれぞれ新興市場、新興工業国、先進国を表すとして、CO_2排出量 (1971〜2006) に年間時系列データを用いてEKCを推定した。その結果3国は、環境の質とEKCの時間パターンにかなりの相違があることを示した。韓国の場合は、逆U字型のEKCはなかった。EKCは一つの国の経済成長が一定基準に達した場合に、排出量が減少し、それによって環境条件が改善されることを示している。韓国において高度経済成長に達した後減少した領域を見つけることができなかった。そして推定結果として8,210ドルの転換点を見つけるが、それはU字型の曲線の分岐点を表している。したがって、この曲線が新しい転換点後に減少傾向を示すであろうと結論することは困難である。

　Eunho Choi, Almas Heshmati and Yongsung Cho (2010) によれば三次モデルは、統計的に有意であったため、中国はN字型クズネッツ曲線を持っていた。この曲線は、最初に逆U字型の曲線であったが、転換点後には下落する。一定の所得水準を超えて、係数のみの傾向を考慮すると、CO_2排出量と所得は一時的にマイナスの関係を表す部分を持っているが、再び所得の増加につれてプラスの関係を示すようになる。中国のEKC曲線を見れば増加傾向を表している。Eunho Choi, Almas Heshmati and Yongsung Cho (2010) のこの結論は、本研究と同じ結果であり、今後とも中国のCO_2排出量が増加する一方であることを意味する。

　日本は、予想外の逆N字型曲線であるが、GDPとCO_2排出量との関係で統計

的に有意であった。CO_2排出量の面では、逆U字型のEKCはなかった。これらの結果は、経済成長、環境質の改善へと進んでいく際に、逆U字型のEKC仮説の検証が唯一の方法ではないことを示唆している。日本は近年、減少傾向を示しているという事実は注目すべきであるという結論に到った。

中国のエネルギー事情から見れば、東部地域の高所得地域は積極的にエネルギー構造を転換し、これからは一層の経済発展にともない汚染の高さが低下することが予測される。また、低所得地域では、これからはエネルギーの消費需要が増えて、汚染の高さが増加することは間違いない。Eunho Choi, Almas Heshmati and Yongsung Cho (2010) は中国、韓国、日本はそれぞれ新興市場、新興工業国、先進国を表しているとして別々に考えているように、本章では、中国の東部、中部、西部地域の経済レベルもその発展段階を反映し、経済発展と貿易量の多い地域はより早く日本のような先進地域と高所得水準に達して、やがて逆U字型曲線のように、経済発展と貿易の拡大によってCO_2排出を削減できるようになると考えられる。

本章では、以下の三つの結果を明らかにした。第1は、天津、雲南以外の地域すべて単調増加していき、CO_2排出量のピークがほとんど持たない。第2は、高水準の1人当たり所得の地域と低水準の1人当たり所得の地域でCO_2の増加ペースは違う。第3は、これからも中国のCO_2排出量が増加する一方である。今後は、それぞれ地域の特徴をさらに分析し、地域の特徴をあきらかにした上で、中国の経済発展と環境保全問題を考察する上で、産業構造変化、貿易変化などが環境問題に関わっている関係を検討する必要がある。

第4章　中国各地域CO_2限界削減費用の推定

第1節　汚染の限界削減費用

　第1章で述べたように中国は改革開放以来の二十年間、平均9％の経済成長を続けてきており、これにともなって温暖化ガスの発生量はさらに増加の傾向を示している。中国は化石燃料の中で温暖化ガスの発生が多い石炭の消費大国であり、石炭は中国の一次エネルギーの消費総量の70％近くを占めている。そのため、石炭などを燃焼する際に放出されるCO_2は（エネルギー使用によるもので）年間27億トン（2006年）にのぼり、かなり深刻な温暖化を引き起こしている。中国の温暖化ガス排出は中国の経済発展によるものであるが、また、日本国内でも、中国国内でも、国内各地での経済格差縮小がうたわれ、経済格差を修正するための経済発展が要求されている。これはほかの経済問題同様マクロ的に解決できるわけではない。各地域の経済状況の違いを勘案して対処することが必要となる。また、中国の各地域間の排出権取引などを通じての環境対策に対する研究が必要不可欠である。環境政策を考える前提として、CO_2限界削減費用について考えていく。

　本章では中国の現行の省級別の行政地域、各地域のCO_2限界削減費用を推定し、その地域別特色を検討した。つまり、各地域に要請されるCO_2削減率に応じて各地域の限界削減費用はどのように変化していくか、どの程度の負担になるのかを分析した。とくに現在の中国の地域差として取り上げられている中国の沿岸・内陸の2地域分析、さらに都市型、沿海工業型、内陸発展型の地域分別に応じて地域別特色を明らかにする。そのうえで現在中国政府の公

式のCO_2削減目標として提示されている目標達成の時の限界削減費用を求め、中国全地域の共通の環境質目標とてしてどのような削減率を目指すのが効率的であるかについて考察した。

第2節　さまざまの限界削減費用の推定方法

4.2.1　中国の汚染削減量目標

本節では本章で取り上げた限界削減費用の推定方法について述べる。レセプターでの目標CO_2濃度についてはIPCCの計算値などがあるが、ここでは、以下のようにする。わかりやすく現在日本の議論で取り上げられている2020年を基準に考えて、日本は90年比25％減に応じて、中国も基準年の何％削減あるいは増加という形で削減を行うとした場合の限界削減費用を推定する。中国は公式にはGDP当たり汚染排出量を2020年において、2005年から40～45％削減した水準に抑えるという目標を言明しているので、その目標を達成する場合の、限界削減費用を推定する。

ただし、日本始め欧米では排出量そのものを基準年の何％減という形で見るのが通例であるので、本分析でも、CO_2排出量を最も厳しい基準年の2005年比30％減少から、もっともゆるい400％増加まで（といっても、増加の大きさ次第ではBAU排出量より、削減する地域が多いが）に抑える政策をとった場合の限界削減費用の推定を行う。

この際現在のデータが得られていない。2009年以降の汚染排出量が、これらの指定汚染排出量になるよう、汚染削減、または増加が要請されると仮定して議論をする。

4.2.2　CO_2の限界削減費用推定方法

ここで、中国の限界削減費用の推定方法を中心に説明する。限界削減費用の推計方法としては、2つの考え方がある。1つは直接各産業の大気汚染削減投資のデータから、削減資本支出（厳密には、この資本支出額を耐用年数で除した減価償却費分が一年間の汚染削減投資額となる）を求め、これに汚染削減活動

の経費(運行費)をプラスして、求める方法がある。これは、個別企業のケースか、電力など産業別の大気汚染削減投資のデータが揃っている部門や、中国などについて行うことができる。

　第2の方法は、このようなデータがない日本のような場合、マクロの産業の粗付加価値データを用いて間接的に限界削減費用を推定する方法がある。つまり、汚染削減目標を、削減装置設置の費用でなく、生産削減により達成しようとするさいに失うことになるだろう粗付加価値を削減費用と考える方法、つまり機会費用アプローチとも言うべきものである。

　したがって、汚染削減の限界費用を、各種削減技術や装置のコストを調査して汚染物質1単位当たりのコストを出す方法が困難なとき、汚染の生み出す限界付加価値を利用して削減コストを求めることが出来ることになる。本分析においてもこの機会費用アプローチに従う。

　この分析方法は次のようになる。汚染排出を説明変数とし、粗付加価値を非説明変数とする生産関数を作ったとき、それを汚染排出量で微分したものが、汚染排出の限界価値とみなされる。言い換えるとこの生産関数の微分を作れば、これが汚染排出の限界利潤であり、これが汚染削減からの限界費用にもなる。

　なお、ここで注意すべきは、削減費用という際に、基準の排出量の大きさから、ある一定量の何%か排出量を削減したときの、1単位当たりの限界削減費用であるので基準と比較した場合の限界利潤の違いとする。次に付加価値生産関数に移る。粗付加価値は、汚染排出つまり環境サービスの消費のみならず、投入労働量、資本量、土地量などの生産要素の投入による生み出される。

　粗付加価値生産関数にはこれらの要因を入れる必要がある。ところが、これらの生産要素量の変化を明示的に入れると、問題の焦点が他の生産要素の働きに移ってしまう。そこで、A. Yiennaka et al[15]や中野[16]のように、これ

---

[15] Yiennaka, A, H. Furtan, and R. Gray, (2001) "Implementing the Kyoto Accord in Canada: Abatement Costs and Poloicy Enforcement Mechanisms", Canadian Journal of Agricultural Economicds 49, pp105-126

[16] 中野牧子「地球温暖化対策としての経済的手段と規制的手段の費用比較」『国民経済研究』190

らの一般の生産要素の投入量を時間の関数とみなして、一括することにする。つまりこれらの汚染物質以外の生産要素の投入量を、時間の関数で代用するのである。すると次のような粗付加価値生産関数を考えることができる。そのほかの生産要素投入量が時間について指数的に増加すると考えるが、それを時間に関する2次または1次の関数とする次式を仮定する。

$$Y = e^{\alpha} E^b e^{cT+dT^2} \qquad (4-1)$$

ここでEはCO_2など汚染排出量、Tは時間である。各地域や一国全体の全粗付加価値が、二酸化炭素の排出Eによって生み出されていると想定するのである。換言すると、

$$Y = E^b$$

という関数がTとともに上方シフトさせられていて、この$\exp(cT+dT^2)$という上方シフトの要因が、時間Tとともに増加する投入する労働量、資本量、土地の変化や技術進歩を反映するとみるのである。したがって

$$\partial Y / \partial E = b \exp(\alpha) E^{(b-1)} \exp(cT+dT^2)$$

がある汚染水準の場合の限界利潤となり、汚染削減の限界費用を測定するのに大きな役割を果たすのである。

ここで、ある削減政策の限界費用の考察をする場合、ある一定の％（基準年の排出量の30％削減0.7Cか、基準年排出量と同量の1.0Cなど）削減政策がとられた場合の限界削減費用を見る必要がある。それはある削減量（所与の一定％）を想定したときの限界削減費用となる。この値は、上の$\partial Y / \partial E$のEが一定の％（マイナス30％、マイナス0％）削減された時の値と、BAU汚染量のときの値の

差として示される。
すなわち

$$\partial Y / \partial E \big|_{一定\%削減されたときのE} - \partial Y / \partial E \big|_{BAUのときのE} \qquad (4\text{-}2)$$

として定義される。

さて、この生産関数の推定において、(4-1) 式の両辺の対数をとった式

$$\ln Y = \ln a + b \ln E + cT + dT^2 \qquad (4\text{-}3)$$

を考えて

$$\ln Y = y, \quad \ln E = e$$

とおくと、次のような線形式が得られる。

$$y = \alpha + be + cT + dT^2 \qquad (4\text{-}4)$$

ここでb、c、dはパラメータ。この線形式を最小二乗推定して、(4-4) 式のパラメータを確定し、汚染の限界生産物価値、限界削減費用の導出に持って行こうというのである。

ただわれわれの推定においては、すべてが (4-3) の対数線形式に従って妥当な解が得られたわけではない。決定係数や推定係数のt値、DW比の値が良くない場合には、モデルの修正を行った。修正方向としては、時間変数を2次ではなく、1次とすること、GDPのラグつき変数を説明変数として導入する場合の2つの方法を取り入れた。
前者の場合は、

$$Y = e^{\alpha} E^b e^{cT}$$

すなわち

$$\ln Y = \ln a + b \ln E + cT$$

となる。
後者の場合は、

$$Y = e^{\alpha} E^b e^{cT} Y_{-1}^d$$

すなわち

$$\ln Y = a + b \ln E + cT + d \ln Y_{-1} \qquad (4\text{-}5)$$

として定式化される。

こうしていくつかの地域、北京、天津、河北、山西内蒙古以外の地域はT

については1次式によって、福建においてはおいては、前期のGDPを含む式に従った。そのほかの大部分の地域はTの1次式によって回帰推定した。

4.2.3 データと限界削減費用の推定方法

この式を推定するのに必要となるデータは、各地域の粗付加価値と、排出CO_2汚染量である。地域の粗付加価値は『中国統計年鑑』各年版から得られる。後者は中国の『能源統計年鑑』掲載のエネルギー消費量から、計数をかけて推定した。本論文では、中国に関しても行政地域区分別にて推計した。サンプル期間は、中国は1995〜2008年とした。こうして、北京に関し回帰分析を行った結果を記すと以下のようになる。シフト項がTの2次式である場合次のようになる。（ ）内はt値

こうして北京の場合

$$Y = e^{0.5386} E^{0.8377} e^{(0.04T + 0.0667T^2)}$$

が得られる。

表4-1 北京の粗付加価値関数回帰分析結果 （ ）内t値

パラメータ	
a	0.5386(-0.12440)
b	0.8377(-1.54588)
c	0.0400(-1.99243)
d	0.0067(-3.81252)
DW	2.064
R^2	0.8999

ここで地域の粗付加価値は『中国統計年鑑』各年版から得られる。

表4-2　北京1995年-2008年CO_2排出量

年	CO_2トン
1995	2995.08
1996	3070.86
1997	2694.00
1998	2962.62
1999	2963.05
2000	3043.63
2001	2998.36
2002	2897.64
2003	3038.74
2004	3359.10
2005	3439.07
2006	3456.52
2007	3561.33
2008	3437.04

出所：筆者作成

　ここで、データを中国政府（中国エネルギー経済研究院）の『中国能源統計年鑑』より得られる北京のエネルギー消費のデータに基づき、それに一定のCO_2排出係数を乗じて求めた、1995から2008年のCO_2排出量を以下のように導出した。

　これと北京のGDPデータを用いて回帰分析を行い導出したが、誤差項の系列相関の存在が予想されるので、プレスコット・ウィンステン変換をした時系列データに対し回帰分析を適用した。

4.2.4　北京の限界削減費用曲線の推定結果

　ここでは中国一地域、北京の限界削減費用曲線を導出する。その方法は、BAU排出量の場合と、2020年排出量が、2005年比360％（3.6C）、250％（2.5C）、200％（2.0C）、150％（1.5C）、100％（1.0C）、70％（▲0.3C）となることが要請されことに応じて、失った限界利潤（さらに1単位の追加削減を必要とするときの費用）がどの程度多くなるかにより、CO_2限界削減費用の違いが表される。CO_2限界削減費用は次の表のようになる。

表4-3 2009-2020年北京CO_2限界削減費用の推定結果

	▲0.3C	1.0C	1.5C	2.0C	2.5C	3.6C
2009	0.0159	0.0049	−0.0076	−0.0164	−0.0232	−0.0343
2010	0.0402	0.0123	−0.0191	−0.0412	−0.0583	−0.0858
2011	0.0772	0.0235	−0.0365	−0.0787	−0.1111	−0.1633
2012	0.1336	0.0407	−0.0630	−0.1353	−0.1907	−0.2798
2013	0.2197	0.0667	−0.1031	−0.2210	−0.3111	−0.4555
2014	0.3515	0.1065	−0.1642	−0.3513	−0.4937	−0.7213
2015	0.5540	0.1674	−0.2575	−0.5501	−0.7721	−1.1255
2016	0.8668	0.2614	−0.4011	−0.8551	−1.1985	−1.7433
2017	1.3530	0.4071	−0.6231	−1.3261	−1.8560	−2.6937
2018	2.1138	0.6346	−0.9688	−2.0582	−2.8767	−4.1661
2019	3.3131	0.9924	−1.5112	−3.2050	−4.4734	−6.4642
2020	5.5324	1.5593	−2.6865	−5.5339	−7.6528	−10.9540
平均	1.2143	0.3564	−0.5701	−1.1977	−1.6681	−2.4072

出所：表（4-2）の結果より計算

こうしてCトン当たり-2.41万〜1.21万元の限界削減費になるが、CO_2トンあたりでは、-0.45〜0.227万元の限界削減費用である。

4.2.5 中国各地域のCO_2限界削減費用の計測

本節では2005年比100%の場合の中国のCO_2限界削減費用の推定結果を示す。

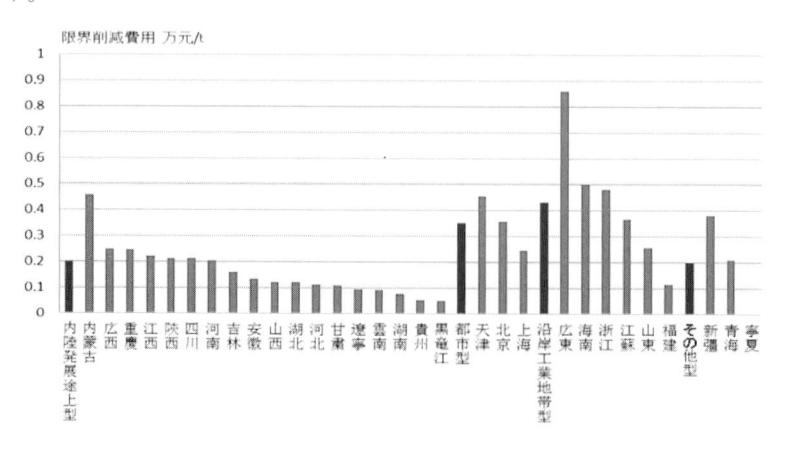

図4-1 地域別限界削減費用

出所：表4-4より作成

表4-4 中国各地域CO$_2$限界削減費用-2005比100%　単位：万元

内陸発展途上型	0.2029	都市型	0.3524
内蒙古	0.4582	天津	0.4550
広西	0.2502	北京	0.3564
重慶	0.2463	上海	0.2457
江西	0.2211	沿岸工業地帯型	0.4312
陝西	0.2147	広東	0.8616
四川	0.2125	海南	0.5011
河南	0.2041	浙江	0.4826
吉林	0.1595	江蘇	0.3659
安徽	0.1332	山東	0.2583
山西	0.1229	福建	0.1175
湖北	0.1210	その他型	0.1981
河北	0.1136	新疆	0.3821
甘粛	0.1115	青海	0.2101
遼寧	0.0946	寧夏	0.0022
雲南	0.0931		
湖南	0.0794		
貴州	0.0544		
黒竜江	0.0504		

出所：式（4-2）（4-3）（4-5）と各地域のデータを用いて計算

　各地域の限界削減費用は図に示される。ここで限界削減費用の地域的特質についてみておこう。前節の方法により、中国各地域のCO$_2$限界削減費用を確定したが、中国の地域格差問題との関係で、ここでは、中国の限界削減費用の地域的特徴を見ておきたい。2020年において2005年の排出量に抑える場合の限界削減費用を見る。

　まず最も限界削減費用が高いのが広東0.8616万元/トンであり、最も低いのが、寧夏0.0022万元/トンと、その格差は384倍に及ぶことがわかる。ただ、ここで地域別特長をさらに見やすくするため、中国の地域を経済発展の度合いで次のように区分する。すなわち、1人当たりGDPを経済発展の指標にとり、都市型、沿海工業型、内陸発展途上型および特別型と、4つの地域に分ける。

　都市型は直轄市のうち、北京、天津、上海という最も経済発展が進んでいて、最も1人当たりGDPの高い地域である。この地域の1人当たりGDPは平均で30,000元/年に達成している。次いで沿海工業型で、これは発展の著しい沿

岸部の地域の中でも第2次産業の発展において顕著な地域である。都市型の次に1人当たりGDPの高い地域であり、1人当たりGDPは都市型の1/2で、平均が15,000元以上となっている。江蘇、浙江、福建、山東、広東の5地域である。さらにGDPが沿海工業型の1/2で平均が7,500元の地域を、内陸発展途上型の地域とする。さらにデータの少ないチベットは除いたが、青海、新疆、寧夏の3地域も削減量のデータで大幅な変動が見られた。データの欠落が見られたため推定において、他の方法を利用せざるを得ない地域であるため、その他地域とした。

この地域類型の違いによる限界削減費用を見たとき、沿岸工業型都市型が0.4311万元/Cトンと最も高く、ついで、都市型0.3523万元/Cトン、内陸発展途上型が0.2028万元/Cトン、その他型は0.1981万元/Cトンと最も低い値を示した。一見して経済発展と高い限界削減費用の相関が見受けられる。工業地域が最も限界削減費用が高いのは、CO_2の削減により、GDPの減少が大きく出るからである。これに対して都市型では、GDPの生産に対するCO_2の寄与分は、工業地域ほど高くないので、限界削減費用は、工業地域ほど高くならない。さらに、内陸途上地域では、産業構成上エネルギー消費集約的産業が少ないので、汚染集約的な産業も少なく、CO_2消費抑制政策の影響はあまり受けないと見られる。ただ、一人当たりGDP格差が工業地域と内陸地域で2倍であったのに対し、限界削減費用の格差は2.12倍と若干高めであるがほぼ同一になっている。都市型と内陸地域の所得格差は4.2倍であったのに、限界削減費用の格差は1.73倍にとどまっている。

次に地域間の限界削減費用を見ると、大都市では、経済発展とともに限界削減費用が低くなる傾向がある。これは、経済の発展している沿岸工業地域ではGDPとエネルギー消費に伴うCO_2排出量が多いが、設備の省エネ化が進みGDPあたりのエネルギー消費量や汚染量が少ないため限界削減費用は少なくなるのに対し、逆に内陸発展途上地域でも、内蒙古、広西、四川、重慶、吉林は高い0.2万元/Ct以上の限界削減費用となるが、これはGDPが低い割にはエネルギー消費と汚染排出が大きく、汚染原単位が大きいからだと考えられる。一方湖南、湖北、貴州、黒竜江などでは低い限界削減費用を持つ。

一般的には、沿岸工業型や都市型では、経済発展とともに汚染排出が減少する、1人当たりGDPと、汚染水準の削減に向けての努力との関係を示す環境クズネッツ曲線部分の右下がりに該当していると考えられる。

これに対し、内陸発展途上地域は汚染排出量の多いエネルギー資源である石炭などに依存する割合が多く、石油化、ガス化に遅れているためと考えられる。とくに高い限界削減費用を持つ内蒙古、広西、江西、陝西、吉林、黒龍江、山西、四川、地域は1人当たりGDPが7500元/年で内陸発展途上型の地域の平均以上の値を取っていて、内陸発展地域において限界削減費用が経済発展とプラス相関を持つことが分かる。これらのことから、1人当たりGDPと、汚染水準の削減に向けての努力との関係を示す環境クズネッツ曲線の右上がり部分に内陸発展途上地域が該当していると考えられる。

第3節　中国政府の温暖化対策目標と限界削減費用

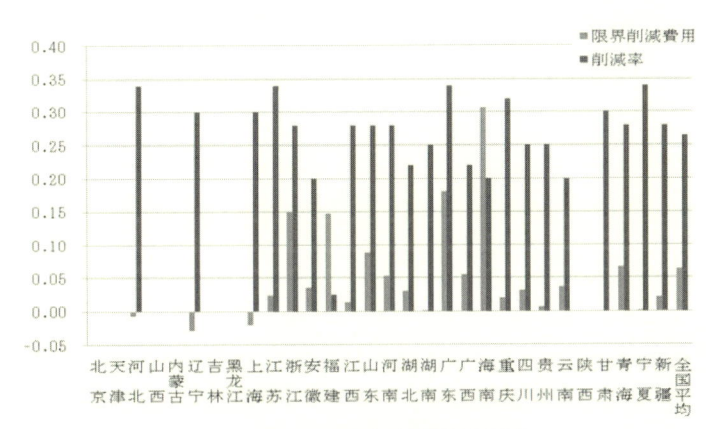

図4-7　中国各地域限界削減率

出所：表4-5より作成

中国政府は2009年11月、CO_2削減の温暖化対策として排出するCO_2の量を対GDP比で見て2020年までに2005年の値の55％〜60％に抑えるという方針を示した。これは対GDP基準なので、数値目標としては分かりにくい。そこでこれはどの程度の数値目標に対応するか、またその際の限界削減費用はいくらかを計算してみた。その結果を次に表示する。

表4-5　中国政府の数値目標に対応した場合の限界削減費用

	限界削減費用	削減率		限界削減費用	削減率
北　京			湖　北	0.0299	2.2C
天　津			湖　南	0.0002	2.5C
河　北	-0.0071	3.4C	広　東	0.1800	3.4C
山　西			広　西	0.0551	2.2C
内蒙古			海　南	0.3061	2.0C
遼　寧	-0.0284	3.0C	重　慶	0.0202	3.2C
吉　林			四　川	0.0317	2.5C
黒龍江			貴　州	0.0069	2.5C
上　海	-0.0200	3.0C	雲　南	0.0364	2.0C
江　蘇	0.0245	3.4C	陝　西		
浙　江	0.1499	2.8C	甘　肅	-0.0006	3.0C
安　徽	0.0357	2.0C	青　海	0.0670	2.8C
福　建	0.1470	0.25C	寧　夏	0.0015	3.4C
江　西	0.0139	2.8C	新　疆	0.0206	2.8C
山　東	0.0885	2.8C	全国平均	0.0634	
河　南	0.0530	2.8C			

出所：筆者作成

最初に注意すべきは、多くの地域では排出量のBAU水準でさえ2020年に2005年の0.55～0.6を削減量に抑えられている。そのため北京、天津、山西、内蒙古、吉林、黒竜江、陝西ではBAU水準のときでさえ政府の基準を満たしており、また河北、遼寧、上海、甘粛では、GDP比でみたCO_2排出量を0.55～0.6に抑えた場合でも、CO_2排出量がBAU水準超えてしまい、限界削減費用がマイナス値をとる。こうして、これらの地域を除くと19地域のみが対GDP比で見て2020年までに2005年の値の0.55～0.6に抑えるときにプラスの限界削減費用を持つにすぎない。

この中で大きい限界削減費用を持つ地域は、海南0.30万元/t、次いで、広東、浙江、福建であり0.15万元/tを超えている。山東、青海、が平均の0.0634万元/tを超えているに過ぎない。これは福建の-0.25%以外は、もっとも厳しい海南でも2005年比2.0倍、他のプラスの削減費用となる主な地域でも、ほぼ2005年比2.8倍のCO_2排出水準である。

第4節　まとめ

　上述したことをまとめると、現時点の中国各地域の汚染削減目標及び限界削減費用に基づいて限界削減費用を推定し以下の推定値を得た。

　第1に本章では、中国に関して行政地域区分別にて限界削減費用を推計した。サンプル期間は、中国は1995〜2008年とした。A. Yiennaka et alや中野のように、粗付加価値生産関数を考え中国の限界削減費用を推定した。各地域の粗付加価値は『中国統計年鑑』各年版から得た。CO_2排出量は中国の『能源統計年鑑』掲載のエネルギー消費量から、係数をかけて推定した。

　第2に以上にもとづいて中国各地域のCO_2限界削減費用を確定したが、中国の地域格差問題との関係で、ここでは、中国の限界削減費用の地域的特徴を見ておきたい。2020年において2005年の排出量に抑える場合の限界削減費用を見る。

　まず最も限界削減費用が高いのが広東0.861643万元/トンであり、最も低いのが、寧夏0.002241万元/トンと、その格差は384倍に及ぶことがわかる。この地域類型の違いによる限界削減費用を見たとき、沿岸工業型都市型が0.431154万元/Cトンと最も高く、ついで、都市型0.3523640.142万元/Cトン、内陸発展途上型が0.202866万元/Cトン、その他型は0.198144万元/Cトンと最も低い値を示した。一見して経済発展と高い限界削減費用の相関が見受けられる。

　沿岸工業型や都市型では、経済発展とともに汚染排出が減少する、1人当たりGDPと、汚染水準の削減に向けての努力との関係を示す環境クズネッツ曲線部分の右下がりに該当していると考えられる。

　内陸発展地域において限界削減費用が経済発展とプラス相関を持つことが分かる。これらのことから、1人当たりGDPと、汚染水準の削減に向けての努力との関係を示す環境クズネッツ曲線の右上がり部分に内陸発展途上地域が該当していると考えられよう。

　第3に中国は2009年11月、CO_2削減の温暖化対策として排出するCO_2の量を

対GDP比で見て2020年までに2005年の値の0.55〜0.6に抑えるという方針を打ち出した。そこで本稿では、この目標を達成するための地域別限界削減費用を推定した。

19地域のみが対GDP比で見て2020年までに2005年の値の0.55〜0.6に抑えるときにプラスの限界削減費用を持つにすぎない。高い限界削減費の値は海南0.30万元/t、次いで、広東、浙江、福建であり0.15万元/tを超えている。山東、青海、が平均の0.0634万元/tを超えているに過ぎない。これは福建の-0.25%以外は、もっとも厳しい海南でも2005年比2.0倍、他のプラスの削減費用となる主な地域でも、ほぼ2005年比2.8倍のCO_2排出水準である。

最後に残された問題点について述べる。第一は、CO_2削減費用の推定については、われわれのように、機会費用を用いる方法でなく、CO_2削減技術のコストをさまざまのエネルギー利用分野から、積み上げて導出することがなされている。これについては、炭酸ガス貯留、燃料電池、太陽光発電などでエポックメイキングな技術が出現するときなどは、とくに重要となる。ここでは、とりあえず、削減費用導出のために、機会費用という近似計算によった。しかし、電力など産業部門別削減費用の導出の際は、削減技術に応じた限界削減費用を利用することに意味がある。

第二は、CO_2排出量のデータを導出するにあたり、各国各地域のエネルギー消費データに排出係数を掛けて導出した。これは機会費用方式による推定の場合非エネルギー使用からの排出を含まないため、CO_2排出の過小評価、CO_2限界削減費用の過大評価につながる。

第Ⅱ部　中国を中心とする東アジア日中韓の貿易構造と持続的な経済発展のための環境政策について

第5章　中国のCO₂排出推移と対日対韓輸入貿易の時系列分析

はじめに

　本章は東アジアの中で中国のCO₂排出の時系列推移および中国のCO₂排出の推移と日中韓貿易の関係を検討する。EKC曲線は、汚染排出と経済発展の関係を示し、ある程度以上に一人当たりGDPが上昇すると汚染排出は低下する関係を言うが、中国各地域のデータからは、CO₂排出に関してはEKCの逆U字曲線は成立しないことをこれまでに確認した。しかし汚染排出、EKCの逆U字曲線を下方シフトさせる要因として貿易があるのではないかという考え方が現れる。これまで、貿易は汚染を増大させるのではないかという議論があったが、Eunho Choi, Almas Heshmati and Yongsung Cho (2010) によると、貿易がEKCに影響するのではないかと考え開放度OPENを含んだ次のような

$$\ln CO_{2t} = a_0 + a_1 \ln GDP_t + a_2 (\ln GDP_t)^2 + a_3 (\ln GDP_t)^3 + a_4 \ln OPEN_t + a_5 \ln OPEN_t^2 + a_6 \ln RE_t + a_7 \ln Trend_t + a_8 \ln FOP_t + \varepsilon_t$$

という回帰式を検討した。

このような回帰方程式が成り立つかどうかを見るために、本章では貿易とCO_2排出の関係に焦点を合わせ、CO_2、GDP、開放度だけではなく、中国国内のR&D研究開発資本S^dを入れた式

$$\ln C = \alpha + \beta_1 \ln GDP + \beta_2 \ln M_J + \beta_3 \ln M_K + \beta_4 \ln S^d \qquad (5\text{-}1\text{-}1)$$

を取り上げて回帰分析を行う。

このために中国のCO_2排出量の時系列データを取り上げて分析する。すなわち時系列分析の方法を適用して、中国各地域CO_2排出量がどのような性質を持って推移しているかについて分析し、さらにその性質から導かれるCO_2排出量の構造について検討する。まず、中国地域別のCO_2排出量のデータに対して単位根検定を行い、ほとんどの地域においてCO_2排出量の時系列に単位根が存在することを示す。これらの地域のCO_2排出量には単位根が存在するという帰無仮説を棄却できず、定常であるという帰無仮説も棄却されたことを示す。

また、次の第6章では中国地域別のCO_2排出量と中国各地域のGDPおよび日本・韓国からの輸入と、輸入から影響を強く受けると思われるR&D資本との共和分の関係について分析し、共和分関係の存在を否定することはできないこと、中国のCO_2排出は中国の貿易に影響されていることを明らかにする。これらの結論を踏まえて、最終的に日中韓の貿易は持続的な経済発展に有意な影響を与えて、また中国のCO_2排出削減にも直接影響しているという結論を導く。このための準備となる単位根の存在と因果関係の存在分析、Grangeの因果関係の分析を本章で行う。

最近では種々のマクロ変数を対象として時系列分析による様々な研究がなされている。しかしながら、CO_2排出量を直接の対象として、近年の時系列分析手法の成果を取り入れた研究はほとんど行われていない。加藤久和「わが国電力需要の推移とその構造:時系列分析による検討」[17]の中で、電力需要を

---

[17] 加藤久和（1999）「わが国電力需要の推移とその構造:時系列分析による検討」『社会経済研究—電力経済研究No.37』

直接の対象として、大口、業務用、小口及び電灯電力需要の4系列に対して時系列分析の方法を適用し、さらに電力需要関数を導出し、電力需要と所得及び価格要因との共和分関係を検討した。本節もこのように、CO_2排出量、GDP（地域内総生産）、日本からの輸入額と韓国からの輸入額、そして中国国内のR&D研究開発資本の時系列の性質を単位根の存在という面から検討する。

第1節　CO_2排出量の動向と単位根検定

5.1.1　近年の中国地域別のCO_2排出量の動向

本節の分析では、中国の1990年から2010年までの20年間における中国の省、自治区、直轄市別GDPのデータを『中国統計年鑑』(1990-2011)から取り上げた。また、石油・石炭・天然ガスのエネルギー消費量のデータを『中国能源統計年鑑』(1990-2011)から取り出してCO_2排出量データを推計した。

なお、CO_2排出量やGDP、輸出入のデータについて、2012年現在、台湾、香港、マカオを除くと中国本土31の省・自治区・直轄市行政地域があり、それ以前の重慶市のデータは四川省に含まれているので、ここでは1997年以降から、四川省と重慶市のデータを別々に計算している。

また、チベット自治区に関しては、『中国能源統計年鑑』に記載されているデータがごくわずかしかないことから、これを分析対象外にした。これらの結果、使用するデータは30の省・自治区・直轄市行政地域に関する20年間のデータとなる。

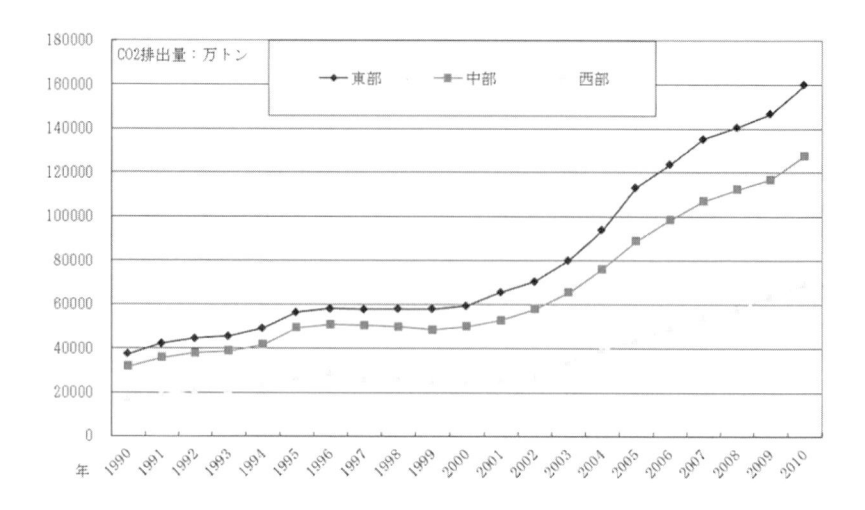

図5-1-1　1990〜2010年中国地域別のCO₂排出量の推移

出所：『中国能源統計年鑑』1990-2011より

　図5-1-1のように中国の東部、中部、西部という地域別CO₂排出量は経済発展の程度に応じて、東部から中部と西部へと徐々に低水準で推移する傾向が明らかである。全体として、東部地域、中部地域、西部地域の3系列のうち、東部地域のCO₂排出量は過去20年間の間に4倍以上に増加しており、また中部地域と西部地域についても3倍以上の排出量の増加を示している。以下の節では、中国の三つの地域のCO₂排出量の時系列推移の構造を分析する。

5.1.2　単位根検定－定常性と単位根過程

　ここでは、まず加藤の研究にならって、われわれのCO₂排出量の時系列推移の構造を分析展開する。

⑴　定常性と単位根過程

　通常、計量経済学で扱われる変数は定常性が前提とされている。(定常性)とは、時間とともにその変数がゼロレベルあるいはトレンド線に沿った推移を示し、そのトレンド線等からの乖離はホワイトノイズ的、確率的な撹乱と

して把握される性質を言う。もし、ある変数の推移からトレンドを除いた後の残差が平均0でかつ有限な一定の分散等を持つとき、これを「トレンド定常」と呼ぶ。

一方、トレンド定常でない系列（非定常系列）については、時間とともにその変数の値が発散する場合と、発散はしないもののその変数の推移がまったく確率的な（すなわちトレンド線が存在しない）場合がある。この後者の場合を単位根過程（あるいはランダム．ウォーク）という。通常、我々が観察する経済変数にあっては時間とともに発散する場合は稀であるので、トレンド定常でない場合としては単位根過程のみを取り上げれば十分である。（定常性及び単位根等の議論については、Hamilton (1994) などが詳しくとりあげている。）

この節の初めにも述べたが、通常の計量分析では変数に定常を想定する。しかし、もし変数が単位根過程に従っている場合、その変数を用いたOLS等による分析は真の関係を与えるのではなく、「見せかけの回帰」をもたらす可能性があるといわれている。したがって、CO_2排出の回帰式を導く前に、CO_2排出量そのものの性質を確認しておく必要がある。そのために、CO_2排出量やその説明変数であるGDP、日本・韓国からの輸入量、R&D研究開発費用の各系列に対して単位根検定を行う。

(2) 単位根検定

単位根検定にあたっては、(5-1-2) 式及び (5-1-3) 式で表わされる帰無仮説 (H_0) 及び対立仮説 (H_1) をたてる。帰無仮説は各CO_2排出量の系列が定数項もつ単位根過程にしたがうとするものであり、対立仮説は1次の自己回帰過程 (AR(1)過程) で表わされるタイムトレンドのトレンド定常であることを意味する。検定のポイントはパラメータρが1であるか否かを判断することにある。

$$H_0 : C_t = \mu + \delta + C_{t-1} + u_t \qquad (5\text{-}1\text{-}2)$$

$$H_1 : C_t = \mu + \delta' + C_{t-1} + \rho C_{t-1} + u_t \qquad (5\text{-}1\text{-}3)$$

C_tは対数変換後のCO_2排出量、tはタイム・トレンド、u_tはホワイト・ノイズ（撹乱項）を表している。Dickey and Fuller (1979) によって提案された検定（DFテスト）における検定統計量は次の (5-1-4) 式及び (5-1-5) 式である。

$$T(\hat{\rho} - 1) \qquad (5\text{-}1\text{-}4)$$

$$(\hat{\rho} - 1)/S_\rho \qquad (5\text{-}1\text{-}5)$$

ただし、Tはデータ期間、S_ρは標本相関係数

　DFテストはAR(1)過程を対象としているが、(5-1-2) 式の誤差項u_tに強い自己相関が生じる場合には誤差項に関する独立性の仮定が満たされず、この検定方法からは適切な結果が得られない。そこで、対立仮説についてより一般的なp次自己回帰AR(p)モデルを採用し、(5-1-6) 式によりAugmented Dickey-Fullerテスト（ADFテストまたはADF検定）を行うことが行われる。

$$\Delta C_t = \mu + \delta' + (\rho - 1)C_{t-1} + \sum_{i=1}^{n} \gamma_i \Delta C_{t-i} + u_t \qquad (5\text{-}1\text{-}6)$$

　なお、ラグ次数pについてはSchwarzのベイズ情報量基準等から判断して1期のラグを採用した。これは年次のデータを分析対象としている点からも妥当であろう。（手続きについてはCampbell and Perron (1991) 等参照。）表5-1-1はこのテストの結果を示している。ADF検定は、帰無仮説が「単位根が存在する」だが、クワイトコウスキー・フィリップス・シュミット・ミン (Kwiatkowski-Phillips-Schmidt-Shin, KPSS) 検定は逆に帰無仮説が単位根なし「定常過程である」である。

　ラグランジュ乗数検定を応用して、検定等計量を

$$LM = \frac{\sum_{t=1}^{T} S_t^2}{T^2 S^2(l)}, \quad S_t = \sum_{i=1}^{t} \hat{u}_i = \sum_{t=1}^{t} e_t \qquad (5\text{-}1\text{-}7)$$

として検定を行い、$\hat{u_t}$は（帰無仮説が定常過程なので）、C_tを定数項・時間tで回帰したモデルの回帰残差から求める。表5-1-1でその検定結果を示す。

表5-1-1　中国各地域CO₂排出量のADF検定

logCのADF検定		t	P	1%	5%	10%
東部	北京	-2.679*	0.095	-3.809	-3.021	-2.65
	天津	0.635	0.987	-3.809	-3.021	-2.65
	河北	0.14	0.961	-3.809	-3.021	-2.65
	遼寧	0.752	0.99	-3.809	-3.021	-2.65
	上海	-2.061	0.261	-3.809	-3.021	-2.65
	江蘇	0.157	0.962	-3.832	-3.03	-2.655
	浙江	-1.193	0.656	-3.809	-3.021	-2.65
	福建	0.56	0.985	-3.809	-3.021	-2.65
	山東	0.106	0.958	-3.832	-3.03	-2.655
	広東	-0.263	0.915	-3.809	-3.021	-2.65
	海南	-0.622	0.845	-3.809	-3.021	-2.65
中部	山西	-1.321	0.599	-3.809	-3.021	-2.65
	内蒙古	0.619	0.987	-3.809	-3.021	-2.65
	吉林	0.804	0.991	-3.809	-3.021	-2.65
	黒龍江	0.5	0.982	-3.809	-3.021	-2.65
	安徽	0.066	0.954	-3.809	-3.021	-2.65
	江西	0.71	0.989	-3.809	-3.021	-2.65
	河南	0.18	0.964	-3.832	-3.03	-2.655
	湖北	-0.229	0.92	-3.809	-3.021	-2.65
	湖南	0.009	0.949	-3.809	-3.021	-2.65
西部	広西	0.718	0.989	-3.809	-3.021	-2.65
	重慶	-0.026	0.945	-3.809	-3.021	-2.65
	四川	-0.468	0.878	-3.809	-3.021	-2.65
	貴州	-0.898	0.767	-3.809	-3.021	-2.65
	雲南	-1.465	0.53	-3.809	-3.021	-2.65
	陝西	0.455	0.98	-3.832	-3.03	-2.655
	甘粛	-0.173	0.928	-3.809	-3.021	-2.65
	青海	0.005	0.949	-3.809	-3.021	-2.65
	寧夏	0.23	0.968	-3.809	-3.021	-2.65
	新疆	1.677	0.999	-3.809	-3.021	-2.65

出所：EViewsにより計算

表5-1-1はADFテストの結果および単位根の存在(**がつけてあるところは5％水準で単位根の存在を棄却する)に加え (5-1-2) 式で定数項が0であるというτ値タイプの検定結果を示している。例えば、有意水準10％の棄却域は-2.650より小さい、有意水準5％の棄却域は-3.021より小さい、有意水準1％の棄却域は-3.809より小さいということである。

東部、中部、西部地域の検定結果は、logCについて (5-1-2) 式の帰無仮説

を棄却できないという結果が得られたと言えよう。すなわちτ値タイプのテストではほとんどの地域において、単位根が存在する(非定常)可能性は否定できないことになるとみてよい。

総合的に判断して、CO_2排出量の3大地域は定数項付き単位根過程に従っている可能性が強い。なお、上記各テストは東部、中部、西部地域を対象としているが、本研究におけるCO_2排出量のサンプル数は20年程度であり、単位根の存在を結論づけるには少ないことに留意する必要がある。

(3) 定常性の検定

上記では帰無仮説に単位根、対立仮説に定常性を仮定して検定を行った。しかしながら、サンプル数の制約等からその結論が堅固なものとは十分に判断できない。そこで、帰無仮説と対立仮説を入れ替えて、CO_2排出量の各系列が定常であるかどうかについての検定を行うこともある。この検定はKwiatkwowski et. al[1992]によって提案されたものであり、KPSSテストと呼ばれている。具体的には(5-1-8)式の検定統計量を用いる。

$$\eta_\mu = T^{-2} \sum_{t-1}^{t} S_t^2 / s^2(l) \tag{5-1-8}$$

ここで

$$S_t = \sum_{t=1}^{T} e_t \quad t=1,2,\ldots,T$$

$$s^2(l) = T^{-1} \sum_{t=1}^{T} e_t^2 + 2T^{-1} \sum_{t=1}^{l} w(s,l) \sum_{t=s+1}^{T} e_t e_{t-s}$$

$$\tag{5-1-9}$$

である。

但し、e_tはCO_2排出量を切片とランダムウォークに回帰させた残差(レベル定常の場合は切片のみ)、w(s,1)は選択的加重関数である。これについてはKwiatkwowski et. al (1992)で提案された関数を利用した。また、critical valueについても同論文で示されている値を用いている。この検定を行った結果が表5-1-2である。

一方表5-1-2～表5-1-5より、CO_2排出量の対数をとった値を説明する。関数を構成する各要因の対数についても、これが単位根を持つことが確認されている。表5-1-2～表5-1-5は各所得要因及び日本・韓国からの輸入要因と国内R&D研究開発資本要因の系列に関する単位根検定の結果を示しており、一部の地域を除いて、大半の地域は単位根が存在するという帰無仮説を棄却できない。

まず、表5-1-2の所得要因logGDPの系列の推定結果を見ると、すべての地域が単位根を持つことを確認した。次に日本からの輸入要因logMjを見ると、5％の棄却域以下のτ値を持ち、単位根の存在を棄却できる地域は、東部地域の上海（-4.687）、福建（-3.505）である。中部地域では、黒竜江（-3.129）、湖北（-3.502）、湖南（-3.429）である。西部地域では、四川（-3.033）、陝西（-3.830）、寧夏（-4.844）地域が単位根を持たない（定常である）。

表5-1-4の韓国からの輸入要因logMkの系列の検定結果をみると、5％の棄却域以下のτ値を持ち、単位根の存在を棄却できる地域は、東部地域の山東（-4.060）、海南（-3.618）の2地域である。また西部地域の重慶（-3.177）、雲南（-6.216）である。表5-1-5中国国内R&D研究開発資本要因S^dに対する単位根検定の結果をみると、5％の棄却域以下のτ値を持ち、単位根の存在を棄却できる地域は、東部地域の天津（11.859）、海南（-7.276）と中部地域の吉林、黒竜江、湖北と西部地域の陝西（-14.726）と2地域だけである。

また、KPSS検定（表5-1-6）の検定結果を見ると、CO_2排出量logC、所得要因logGDP、日本からの輸入要因logMj、韓国からの輸入要因logMk、中国国内のR&D（研究開発費用）要因$logS^d$に対する各地域の単位根検定の結果を示している。LM検定統計量と1％（0.739）、5％（0.463）、10％（0.347）の水準で見る。

表5-1-2　logGDPのADF検定t値　　　表5-1-3　logMjのADF検定t値

logGDPのADF検定		t	P	5%	logMjのADF検定		t	P	5%
東部	北京	0.672	0.988	-3.040	東部	北京	-1.82	0.361	-3.021
	天津	1.501	0.999	-3.030		天津	-2.681*	0.096	-3.030
	河北	0.719	0.989	-3.021		河北	-2.15	0.230	-3.052
	辽宁	0.646	0.987	-3.030		辽宁	-2.555	0.119	-3.021
	上海	0.566	0.985	-3.030		上海	-4.687***	0.002	-3.021
	江苏	0.843	0.992	-3.030		江苏	-2.660*	0.098	-3.021
	浙江	0.659	0.988	-3.030		浙江	-2.545	0.121	-3.021
	福建	0.591	0.985	-3.030		福建	-3.505**	0.020	-3.040
	山东	1.004	0.995	-3.030		山东	-1.248	0.632	-3.021
	广东	0.700	0.989	-3.030		广东	-1.912	0.320	-3.021
	海南	0.956	0.994	-3.040		海南	-2.802*	0.077	-3.030
中部	山西	1.005	0.995	-3.021	中部	山西	0.597	0.986	-3.021
	内蒙古	1.264	0.997	-3.030		内蒙古	-2.921*	0.061	-3.021
	吉林	1.020	0.995	-3.030		吉林	-2.097	0.248	-3.021
	黑龙江	1.341	0.998	-3.021		黑龙江	-3.129**	0.042	-3.040
	安徽	0.968	0.994	-3.021		安徽	-2.485	0.134	-3.021
	江西	1.384	0.998	-3.040		江西	-0.494	0.872	-3.030
	河南	1.206	0.997	-3.021		河南	-2.559	0.118	-3.021
	湖北	1.184	0.997	-3.030		湖北	-3.502**	0.019	-3.021
	湖南	1.206	0.997	-3.021		湖南	-3.429**	0.022	-3.021
西部	广西	0.998	0.995	-3.030	西部	广西	1.517	0.999	-3.052
	重庆	1.351	0.998	-3.030		重庆	-1.711	0.411	-3.021
	四川	0.450	0.979	-3.052		四川	-3.033**	0.049	-3.021
	贵州	0.859	0.992	-3.030		贵州	-2.567	0.116	-3.021
	云南	0.953	0.994	-3.030		云南	-0.236	0.918	-3.030
	陕西	0.787	0.991	-3.030		陕西	-3.830**	0.010	-3.021
	甘肃	0.506	0.982	-3.030		甘肃	1.043	0.995	-3.052
	青海	0.916	0.993	-3.040		青海	-2.491	0.132	-3.021
	宁夏	1.425	0.998	-3.021		宁夏	-4.844***	0.001	-3.021
	新疆	0.796	0.991	-3.040		新疆	-2.27	0.190	-3.021

出所：EViewsにより計算

表5-1-4　logMkのADF検定t値

logMkのADF検定		t	P	5%
東部	北京	-1.156	0.672	-3.021
	天津	-2.688*	0.094	-3.021
	河北	-2.425	0.149	-3.030
	辽宁	-1.899	0.326	-3.021
	上海	-2.089	0.250	-3.021
	江苏	-1.491	0.517	-3.021
	浙江	-2.864*	0.072	-3.066
	福建	-1.829	0.357	-3.021
	山东	-4.060***	0.008	-3.066
	广东	-1.239	0.626	-3.021
	海南	-3.618**	0.015	-3.021
中部	山西	-0.766	0.807	-3.021
	内蒙古	-2.837*	0.071	-3.021
	吉林	-2.747*	0.084	-3.021
	黑龙江	-1.421	0.551	-3.021
	安徽	-2.774*	0.081	-3.030
	江西	-1.814	0.364	-3.021
	河南	-2.227	0.204	-3.021
	湖北	-1.616	0.457	-3.021
	湖南	-2.46	0.139	-3.021
西部	广西	-1.708	0.413	-3.021
	重庆	-3.177**	0.038	-3.030
	四川	-0.916	0.760	-3.030
	贵州	-2.757*	0.082	-3.021
	云南	-6.216***	0.000	-3.066
	陕西	-2.72	0.088	-3.021
	甘肃	-1.547	0.490	-3.021
	青海	-1.979	0.292	-3.040
	宁夏	-1.452	0.536	-3.021
	新疆	-2.964*	0.060	-3.066

表5-1-5　logS^{d}のADF検定t値

logSdのADF検定		t	P	5%
東部	北京	1.044	0.995	-3.030
	天津	11.859***	1.000	-3.021
	河北	1.722	0.999	-3.021
	辽宁	-0.358	0.898	-3.030
	上海	0.335	0.974	-3.030
	江苏	0.087	0.955	-3.040
	浙江	0.146	0.961	-3.030
	福建	-0.008	0.947	-3.030
	山东	0.341	0.974	-3.030
	广东	-0.16	0.929	-3.030
	海南	-7.276***	0.000	-3.030
中部	山西	-0.032	0.944	-3.030
	内蒙古	0.42	0.978	-3.030
	吉林	4.540***	1.000	-3.021
	黑龙江	6.073***	1.000	-3.021
	安徽	2.065	1.000	-3.021
	江西	0.712	0.989	-3.030
	河南	1.058	0.996	-3.021
	湖北	4.427***	1.000	-3.021
	湖南	3.796**	1.000	-3.021
西部	广西	0.989	0.995	-3.030
	重庆	1.07	0.996	-3.030
	四川	-1.335	0.591	-3.030
	贵州	-1.3	0.607	-3.030
	云南	-0.446	0.883	-3.021
	陕西	-14.726***	0.000	-3.030
	甘肃	-0.508	0.869	-3.030
	青海	-1.174	0.663	-3.030
	宁夏	-1.179	0.661	-3.030
	新疆	0.284	0.971	-3.030

出所：EViewsにより計算

　所得要因logGDPと中国国内のR&D（研究開発費用）要因logS^{d}両方ともすべての地域では5％水準で帰無仮説は棄却される（非定常である）、単位根を持つことが否定できない。

表5-1-6より以下の地域だけが5％水準で帰無仮説は棄却されない、すなわち単位根を持たない地域が以下の地域だけであり、他の地域は単位根をもつ。まずCO_2排出量logCでは西部地域の四川（0.336）。日本からの輸入要因logMjでは、東部地域の天津（0.328）、海南（0.451）、中部地域の黒竜江（0.114）、安徽（0.445）両地域と西部地域の重慶（0.188）、四川（0.128）、貴州（0.364）、陝西（0.173）、青海（0.243）、新疆（0.137）地域。韓国からの輸入要因logMkでは、東部地域の海南（0.391）、中部地域の内蒙古（0.345）、黒竜江（0.169）、安徽（0.423）、湖南（0.387）、西部の重慶（0.433）、雲南（0.179）、新疆（0.378）地域である。

以上所得要因及び日本・韓国からの輸入要因と国内R&D研究開発資本要因に対する各地域の単位根検定を行った。結論として、定数項付き単位根過程に従っている可能性が強い。上記各テストは東部、中部、西部地域を対象としているが、本研究におけるlogGDP、logMj、logMk、$logS^d$のサンプル数は20年程度である。

⑷ 階差を取った時系列の定常性

単位根を有する系列のうち、一階の階差、すなわち変化分を取った場合に定常となる系列をI(1)変数と記述する。多くのマクロ経済変数がI(1)変数であるという指摘がなされており、ここで取り上げるCO_2排出量の対数やGDP、輸入額、R&D（研究開発費用）額の対数をとった各系列についてもI(1)変数であることが確認できる。

本章第1節でこれらの時系列は単位根を持つことを示した。ここでは、1回の階差を取ったこれらの時系列は、大部分が単位根を持たなくなること、すなわちI(1)変数となることを示そう。

CO_2排出量の対数をとった値を説明する関数を構成する各要因の対数についても、これが単位根を持つことが確認されている。表5-1-7は各所得要因及び日本・韓国からの輸入要因と国内R&D研究開発資本要因に関する単位根検定の結果を踏まえて、一回の階差を取った時系列が単位根を持たないことの検定を行った。

表 5-1-6　KPSS検定のLM統計値

KPSS検定			1%	5%	10%
LM-Stat.			0.739	0.463	0.347
		logC	logGDP	logMj	logMk	logs^d

		logC	logGDP	logMj	logMk	logs^d
東部	北京	0.592**	0.588**	0.596**	0.589**	0.622**
	天津	0.634**	0.609**	0.328	0.513**	0.608**
	河北	0.620**	0.614**	0.531**	0.459*	0.636**
	遼寧	0.583**	0.582**	0.500**	0.539**	0.633**
	上海	0.623**	0.616**	0.520**	0.595**	0.632**
	江蘇	0.601**	0.622**	0.499**	0.591**	0.638**
	浙江	0.596**	0.625**	0.463**	0.546**	0.629**
	福建	0.624**	0.629**	0.506**	0.520**	0.616**
	山東	0.584**	0.615**	0.565**	0.486**	0.633**
	広東	0.624**	0.611**	0.507**	0.553**	0.610**
	海南	0.595**	0.592**	0.451*	0.319	0.598**
中部	山西	0.612**	0.585**	0.562**	0.624**	0.642**
	内蒙古	0.591**	0.585**	0.673**	0.345	0.633**
	吉林	0.562**	0.597**	0.596**	0.487**	0.623**
	黒龍江	0.485**	0.608**	0.114	0.169*	0.637**
	安徽	0.640**	0.625**	0.445	0.423*	0.639**
	江西	0.574**	0.600**	0.580**	0.588**	0.640**
	河南	0.601**	0.616**	0.504**	0.689**	0.642**
	湖北	0.620**	0.611**	0.498**	0.547**	0.639**
	湖南	0.498**	0.611**	0.478**	0.387*	0.642**
西部	広西	0.607**	0.612**	0.606**	0.585**	0.642**
	重慶	0.597**	0.599**	0.188	0.433*	0.645**
	四川	0.336	0.522**	0.128	0.584**	0.638**
	貴州	0.622**	0.568**	0.364*	0.484**	0.635**
	雲南	0.518**	0.597**	0.471**	0.179	0.640**
	陝西	0.574**	0.579**	0.173	0.501**	0.629**
	甘粛	0.624**	0.563**	0.593**	0.479**	0.637**
	青海	0.578**	0.578**	0.243	0.569**	0.633**
	寧夏	0.609**	0.603**	0.685**	0.610**	0.630**
	新疆	0.620**	0.596**	0.137	0.378	0.638**

出所：EViewsにより筆者が計算

表5-1-7　中国各地域各変数の一回の階差を取った時系列検定

		DlogC		DlogGDP		DlogMJ		DlogMK		DLOGSD	
		τ値	P値	τ値	P値	τ値	P値	τ値	P値	τ値	P値
東部	北京	-5.3542	0.0004***	-2.2677	0.1918	-3.7531	0.0118**	-5.3706	0.0005***	-1.4962	0.5137
	天津	-3.2579	0.0321**	-3.2969	0.0297**	-3.4898	0.0202**	-2.7557	0.0835*	-0.3431	0.8999
	河北	-3.1756	0.0377**	-3.8928	0.0088***	-3.1161	0.0444**	-3.2755	0.0319**	-2.9375	0.0596*
	遼寧	-3.3662	0.0259**	-2.9704	0.0560*	-4.6842	0.0017***	-5.3702	0.0004***	-1.9664	0.2977
	上海	-4.4493	0.0028***	-3.6120	0.0157**	-4.1977	0.0047***	-4.0731	0.0060***	-1.6708	0.4291
	江蘇	-2.5225	0.1261	-2.8261	0.0734*	-2.9021	0.0637*	-4.8332	0.0012***	-2.5936	0.1124
	浙江	-6.667	0.0000***	-3.8305	0.0100***	-3.3656	0.0259**	-2.2089	0.2096	-2.0322	0.2717
	福建	-3.3936	0.0245**	-3.6665	0.0141**	-3.8138	0.0109**	-1.4580	0.5311	-2.6318	0.1073
	山東	-2.4545	0.1414	-3.1067	0.0431**	-2.8506	0.0711*	-2.1149	0.2416	-1.7945	0.3715
	広東	-4.1958	0.0047***	-3.6937	0.0133**	-4.0817	0.0059***	-4.4289	0.0029***	-1.7001	0.4153
	海南	-4.9006	0.0012***	-3.4869	0.0203**	-5.5563	0.0003***	-8.2738	0.0000***	-9.1457	0.0000***
中部	山西	-3.7993	0.0107**	-3.3312	0.0277**	-4.8842	0.0011***	-6.1860	0.0001***	-1.6712	0.4259
	内蒙古	-2.6025	0.1097	-2.8300	0.0728*	-5.6200	0.0004***	-5.1578	0.0007***	-1.3321	0.5924
	吉林	-2.9041	0.0635*	-3.0811	0.0453**	-4.2799	0.0039***	-5.6271	0.0003***	-2.3699	0.1625
	黒龍江	-1.2319	0.6349	-4.8058	0.0013***	-3.3194	0.0284**	-3.1332	0.0410**	-1.2380	0.6338
	安徽	-3.8168	0.0103**	-4.0713	0.0061***	-4.7743	0.0014***	-4.1439	0.0056***	-3.3752	0.0254**
	江西	-2.7089	0.0909*	-2.8578	0.0692*	-6.1715	0.0001***	-5.1997	0.0006***	-2.6318	0.1073*
	河南	-2.6694	0.0975*	-3.8236	0.0102**	-3.2900	0.0301**	-4.7707	0.0016***	-3.0129	0.0517*
	湖北	-3.2959	0.0298**	-3.5095	0.0194**	-4.4160	0.0030***	-3.6347	0.0157**	-1.6864	0.4218
	湖南	-2.8846	0.0658*	-3.5481	0.0179**	-4.4441	0.0028***	-5.5243	0.0003***	-1.7438	0.3948
西部	広西	-2.9928	0.0537*	-3.2446	0.0330**	-5.1104	0.0008***	-3.6470	0.0160**	-3.4342	0.0226**
	重慶	-3.8989	0.0087***	-3.0831	0.0451**	-3.0398	0.0501**	-5.7871	0.0002***	-2.7734	0.0841*
	四川	-3.165	0.0385*	-2.2310	0.2026	-4.8243	0.0013***	-8.0961	0.0000***	-1.9467	0.3057
	貴州	-3.1956	0.0363**	-3.2538	0.0324**	-4.8979	0.0011***	-7.8261	0.0000***	-2.0820	0.2531
	雲南	-6.252	0.0001***	-3.6426	0.0148**	-3.5936	0.0170**	-2.8080	0.0780*	-2.7798	0.0799*
	陝西	-2.144	0.2312	-2.7075	0.0911*	-5.2541	0.0005***	-5.6236	0.0002***	-2.7669	0.0828*
	甘粛	-3.4254	0.0230**	-3.0171	0.0512*	-4.1299	0.0054***	-3.6594	0.0143**	-2.3284	0.1738
	青海	-1.8019	0.3676	-3.2002	0.0360**	-5.3724	0.0004***	-5.4893	0.0004***	-2.1131	0.2420
	寧夏	-3.0751	0.0458**	-3.4332	0.0226**	-5.4489	0.0004***	-5.4795	0.0003***	-2.0331	0.2714
	新疆	-2.6305	0.1045	-2.1802	0.2192	-5.3699	0.0004***	-3.1844	0.0380**	-1.4372	0.5424

出所：Augmented Dickey-Fuller testにより筆者がEviewsで計算
***1％ (0.01)、**5％ (0.05)、*10％ (0.1)

まず、表5-1-7のτ値とP値によりlogCの一回の階差を取った時系列結果を見ると、江蘇、山東、内モンゴル、黒竜江、陝西、青海以外のほとんどの地域の単位根は一回の階差は単位根があるという帰無仮説が10％で棄却されることを確認した。次に所得要因logGDPの一回の階差を取った時系列を見ると、北京、四川、新疆以外の地域は10％の棄却域以下のτ値を持ち、単位根を持たない（定常である）。

また日本からの輸入要因logMjの一回の階差を取った時系列を見ると、江蘇、山東、重慶は10％の棄却域以下のτ値を持ち、単位根を持たない（定常である）。それ以外の地域は5％の棄却域以下のτ値を持ち、単位根の存在を棄却できる（定常である）。韓国からの輸入要因logMkの一回の階差を取った時系列をみると、10％の棄却域以下のτ値を持ち、単位根の存在を棄却できない地域は東部の天津（-2.7557、0.0835）、浙江（-2.2089、0.2096）、福建（-1.458、0.5311）、山東（-2.1149、0.2416）、の4地域である。それ以外の地域が5％の棄却域以下のτ値を持ち、単位根の存在を棄却できる（定常である）。

中国国内R&D研究開発資本要因$logS^d$の一回の階差を取った時系列単位根検定の結果をみると10％の棄却域以下のτ値を持ち、単位根の存在を棄却できない地域がほとんどを占める。河北、海南、安徽、河南、広西、重慶、雲南、陝西は10％の棄却域以下のτ値を持ち、単位根を持たない（定常である）。

以上所得要因及び日本・韓国からの輸入要因と国内R&D研究開発資本要因に対する各地域の単位根検定の安定性を示した。

第2節　中国各地域のCO_2排出量と輸入貿易の因果関係の分析

5.2.1　CO_2排出と輸入貿易

実証経済分析において、両変数間あるいは複数変数間の影響を取り上げる方法に、時系列モデルを用いるVARモデル（vector autoregression, VAR）がある。また因果性の検定（Grangerの意味での因果関係）、インパルス反応関数、予測誤差の分散分解などの手法がある。松浦克己・コリン・マッケンジー『Eviews

による計量経済分析』[18]によると、VARモデルでは、複数変数間の影響を取り上げる（ARMAモデルとはこの点で異なる）、そのとき内生変数と外生変数を予め区別しない（この意味で連立方程式モデルと異なる）、いわばその取り上げられた複数の変数のラグでモデルを構成、予測を行おうというものであると説明した。

2変量のVARモデルを次のように書くことができる。ラグの長さを仮に2期だとする。

$$y_t = a_1 + b_{11}x_{t-1} + b_{12}x_{t-2} + c_{11}y_{t-1} + c_{12}y_{t-2} + e_{1t} \tag{5-2-1}$$

$$x_t = a_2 + b_{21}x_{t-1} + b_{22}x_{t-2} + c_{21}y_{t-1} + c_{22}y_{t-2} + e_{2t} \tag{5-2-2}$$

$e_{1t} \sim IID(0, \sigma_y^2)$ $e_{2t} \sim IID(0, \sigma_x^2)$

さらに内生変数がm個、ラグの長さがpのVARモデル（VAR(p)）を

$$y_{1t} = a_1 + b_{11}y_{1t-1} + \cdots + b_{1p}y_{1t-p} + c_{11}y_{2t-1} + \cdots$$
$$+ c_{1p}y_{2t-p} + \cdots n_{11}y_{mt-1} + \cdots + n_{1p}y_{mt-p} + e_{1t}$$

$$y_{2t} = a_2 + b_{21}y_{1t-1} + \cdots + b_{2p}y_{1t-p} + c_{21}y_{2t-1} + \cdots$$
$$+ c_{2p}y_{2t-p} + \cdots n_{21}y_{mt-1} + \cdots + n_{2p}y_{mt-p} + e_{2t}$$

$$y_{mt} = a_m + b_{m1}y_{1t-1} + \cdots + b_{mp}y_{1t-p} + c_{m1}y_{2t-1} + \cdots$$
$$+ c_{np}y_{2t-p} + \cdots n_{m1}y_{mt-1} + \cdots + n_{np}y_{mt-p} + e_{mt}$$

$$\tag{5-2-3}$$

と表すことができる。

さらに我々の内生変数がDlogC$_t$、DlogGDP、DlogMj、DlogMk、DlogS^{d}で、ラグの長さが1のVARモデル（VAR(1)）を

---

[18] 松浦克己・コリン・マッケンジー（2006）『Eviewsによる計量経済分析』東洋経済新報社

$$D\log C = \alpha_1 + \beta_{11}\log C_{-1} + \beta_{21}D\log GDP_{-1} + \beta_{31}D\log Mj_{-1}$$
$$+ \beta_{41}D\log Mk_{-1} + \beta_{51}D\log S^d_{-1}$$

$$D\log GDP = \alpha_2 + \beta_{12}\log C_{-1} + \beta_{22}D\log GDP_{-1} + \beta_{32}D\log Mj_{-1}$$
$$+ \beta_{42}D\log Mk_{-1} + \beta_{52}D\log S^d_{-1}$$

$$D\log Mj = \alpha_3 + \beta_{13}\log C_{-1} + \beta_{23}D\log GDP_{-1} + \beta_{33}D\log Mj_{-1}$$
$$+ \beta_{43}D\log Mk_{-1} + \beta_{53}D\log S^d_{-1}$$

$$D\log Mk = \alpha_4 + \beta_{14}\log C_{-1} + \beta_{24}D\log GDP_{-1} + \beta_{34}D\log Mj_{-1}$$
$$+ \beta_{44}D\log Mk_{-1} + \beta_{54}D\log S^d_{-1}$$

$$D\log S^d = \alpha_5 + \beta_{15}\log C_{-1} + \beta_{25}D\log GDP_{-1} + \beta_{35}D\log Mj_{-1}$$
$$+ \beta_{45}D\log Mk_{-1} + \beta_{55}D\log S^d_{-1} \qquad (5\text{-}2\text{-}4)$$

と表すことができる。

　5.2節では、我々はこれらの時系列分析によって、中国のCO_2排出と日本・韓国との輸入貿易（輸出入）の関係という視点から、CO_2排出量に与える原因や関係を測る。

　ベクトル時系列分析や多変量時系列モデルによる分析では、変数間の因果性のテストを分析する方法として、変数間の関係を推定するGrangerの因果関係の検定という方法がある（Grangerの意味での因果関係）。時系列モデルで、ある変数(x)が他の変数(y)に影響を及ぼす、あるいは逆に影響しないという検定は、他の条件を一定としてxの過去の値がyの変動について説明力を持つか、あるいは全く説明力を持たないかで行なわれる。

　この考え方をグランジャーの意味での因果性（Granger causality）、あるいは因果関係という。具体的には（5-2-1式）式で、帰無仮説を$b_{11}=b_{12}=0$として、その帰無仮説が棄却できなければxはGrangerの意味でyと因果関係が無いという。

逆に$b_{11}=b_{12}=0$の帰無仮説が棄却されれば、xはGrangerの意味でyと因果関係があるという。同様に（5-2-2式）式で$c_{21}=c_{22}=0$の帰無仮説が棄却できなければ、yはGrangerの意味でxと因果関係は無い、$c_{21}=c_{22}=0$の帰無仮説が棄却されればyはGrangerの意味でxと因果関係がある。

この検定は通常のF検定で行うことができる。制約のない（5-2-1式）を推計し、その残差平方和をRSSuとする。$b_{11}=b_{12}=0$の制約をつけた

$$y_t = a_1 + c_{11}y_{t-1} + c_{11}y_{t-1} + c_{12}y_{t-2} + e_{1t} \tag{5-2-5}$$

の残差平方和をRSSrとする。nを標本数とし、F検定は

$$F = [(RSSr - RSSu)/2]/[(RSSu/(n-5))] \tag{5-2-6}$$

で行われる（このケースでは制約の数は2個、パラメータは5個である）。

この検定をGranger testという。（5-2-2式）についても全く同様に行うことができる。3変数以上の場合も同様の手順を繰り返せばよい。なおGrangerの因果関係（因果性）は、いわばyのラグ（xのラグ）がx(y)を説明するために役に立つことを意味している。我々が日常用語で使う因果関係とは異なる。その混同を避けるために必ず「Grangerの意味で」という形容詞がつけられる。

ここで、我々は5変数の枠組みでVARモデル（5-2-4）を推定し、Grangerの因果関係の分析により、中国各地域のCO_2排出DlogCとその地域GDPDlogGDP、日本からの輸入DlogMj、韓国からの輸入DlogMk、中国国内研究開発費用DlogS^{d}との間での因果関係があるか否かを検討する。その結果を踏まえて、次章では、中国各地域の環境汚染（CO_2排出）と経済活動や輸入との関係を分析する方法を取り上げる。また、6章では中国各地域の輸出入弾力性を推定し、その性質を分析したい。その後中国各地域のCO_2排出量変化の特徴と中国各地域輸出入貿易変化の特徴を結合して、特にCO_2排出と輸入貿易の関係という面から中国と日本・韓国の持続的な経済発展という目標が実現できるかどうかについて分析したい。

中国各地域のCO$_2$排出量に対するGrangerの因果関係を（5-2-4）にしたがってみた結果を次表で示す。

まず、北京を例に取って見ると、DlogMjはDlogCにGranger意味での因果性はないという帰無仮説は10％で棄却される（p値は0.0873）ので因果関係は存在する。それからDlogMkはDlogS^{d}にGranger意味での因果性はないという帰無仮説は5％で棄却される（p値は0.013）。しかしDlogSdはDlogCにGranger意味での因果性はないという帰無仮説は棄却されない（p値は0.4216）ので、DlogMkからDlogCへの因果関係は存在しない。

以上北京では各変数とCO$_2$排出DlogC間の因果性テストの結果を見ると、日本からの輸入DlogMjはDlogCにGranger意味での因果性はある（p値は0.0873）という結果となり、直接にCO$_2$排出へ影響を与える要因である。その他の変数のCO$_2$排出への直接の影響についてはGranger意味での因果性は薄いという結論である。

このような因果性の関係において2変数間の影響を他の地域についても見る。DlogMjはDlogCにGranger意味での因果性はないという帰無仮説は1％で棄却される（因果関係は存在する）地域は広西である（p値は0.0033）。5％で棄却される（因果関係は存在する）地域は天津、甘粛である。10％で棄却される（因果関係は存在する）地域は北京である。これ以外の地域は10％で棄却されない（因果関係は存在しない）。この結果によってDlogMjとDlogC両変数間の直接的影響があるのは北京、天津、広西、甘粛の4地域のみである。

DlogMkがDlogCにGranger意味での因果性はないという帰無仮説が5％で棄却される（因果関係は存在する）地域は内モンゴル、吉林である。10％で棄却される（因果関係は存在する）地域は黒竜江である。これ以外の地域は10％でも棄却されない。両変数間の直接的影響も薄いことがわかる。

表5-2-1　中国各地域Grangerの因果関係1

P値	D(logGDP)からD(logC)	D(logMJ)からD(logC)	D(logMK)からD(logC)	D(logSd)からD(logC)	D(logMJ)からD(logGDP)
北　京	0.9853	0.0873*	0.2739	0.4216	0.1638
天　津	0.0301**	0.0339**	0.1613	0.4020	0.2105
河　北	0.009***	0.1788	0.2585	0.3405	0.7892
山　西	0.0001***	0.3090	0.9034	0.8818	0.8596
内蒙古	0.3299	0.3379	0.0208**	0.2523	0.8200
遼　寧	0.1257	0.8517	0.3467	0.0914*	0.4081
吉　林	0.9588	0.1054	0.0562*	0.1454	0.0277**
黒龍江	0.0391**	0.7278	0.0737*	0.0166**	0.9418
上　海	0.0082***	0.3798	0.2154	0.3814	0.4030
江　蘇	0.0083***	0.4363	0.4018	0.3185	0.3296
浙　江	0.7279	0.4671	0.4580	0.1137	0.4091
安　徽	0.0505*	0.8636	0.4451	0.7457	0.7319
福　建	0.1342	0.2986	0.7248	0.7952	0.0698*
江　西	0.0216**	0.8599	0.4792	0.9169	0.3315
山　東	0.4894	0.7329	0.7514	0.0829*	0.3355
河　南	0.4253	0.5405	0.6712	0.2063	0.3817
湖　北	0.0165**	0.1691	0.6731	0.9580	0.1550
湖　南	0.5481	0.1160	0.4422	0.7586	0.3761
広　東	0.0001***	0.9111	0.6401	0.8120	0.8734
広　西	0.0572*	0.0033***	0.1605	0.8852	0.0325**
海　南	0.4503	0.8167	0.4457	0.9881	0.4681
重　慶	0.7018	0.6430	0.9990	0.3725	0.3701
四　川	0.0063***	0.3106	0.8717	0.3112	0.6047
貴　州	0.1995	0.7611	0.1745	0.9083	0.1056
雲　南	0.9982	0.8962	0.7227	0.8817	0.1002
陝　西	0.0586*	0.9189	0.1824	0.4612	0.3636
甘　粛	0.1109	0.0641*	0.7296	0.5085	0.1115
青　海	0.8633	0.6129	0.7014	0.3733	0.7780
寧　夏	0.7270	0.6599	0.1050	0.0033**	0.5007
新　疆	0.8454	0.3262	0.2156	0.7094	0.5515

中国各地域Grangerの因果関係2

	D(logMK)からD(logGDP)	D(logSd)からD(logGDP)	D(logMJ)からD(logSd)	D(logMK)からD(logSd)
P値				
北京	0.8839	0.0903*	0.1474	0.0133**
天津	0.1146	0.1448	0.6185	0.6132
河北	0.4379	0.7081	0.8984	0.5728
山西	0.9885	0.2015	0.1961	0.4396
内蒙古	0.8786	0.4182	0.8099	0.0237**
遼寧	0.9060	0.3979	0.8716	0.5017
吉林	0.2816	0.1895	0.4330	0.9687
黒龍江	0.9396	0.3941	0.0035***	0.4060
上海	0.0007***	0.3702	0.6943	0.7501
江蘇	0.0046***	0.7895	0.0474	0.8798
浙江	0***	0.5708	0.4956	0.5492
安徽	0.9017	0.9492	0.4812	0.9422
福建	0.7119	0.8603	0.7946	0.2237
江西	0.0152**	0.9883	0.7486	0.5228
山東	0.6732	0.4656	0.1539	0.0072***
河南	0.9809	0.9085	0.8264	0.0226**
湖北	0.8625	0.2976	0.9702	0.4206
湖南	0.7417	0.6580	0.3672	0.8226
広東	0.7603	0.4037	0.0419**	0***
広西	0.9206	0.7495	0.6949	0.5027
海南	0.9864	0***	0.7976	0.7901
重慶	0.9829	0.3614	0.0838*	0.1337
四川	0.7085	0.0352**	0.3133	0.6398
貴州	0.7933	0.2035	0.8425	0.7860
雲南	0.9888	0.9995	0.3285	0.0537
陝西	0.0064***	0.0415**	0.5123	0.4912
甘粛	0.9806	0.8839	0.8208	0.2582
青海	0.9820	0.2571	0.9680	0.0901*
寧夏	0.9831	0.6580	0.2657	0.5152
新疆	0.6724	0.9719	0.3851	0.6652

出所：EViewsにより計算
***1%（0.01）、**5%（0.05）、*10%（0.1）

このほか、DlogCに影響を与える要因がないかをみることもできる。$DlogS^d$ がDlogCにGranger意味での因果性がないという帰無仮説は1％で棄却される（因果関係は存在する）地域は黒竜江、寧夏である。10％で棄却される（因果関係は存在する）地域は遼寧、山東である。これ以外の地域は10％で棄却されない。$DlogS^d$がDlogCに直接影響を働く地域は6地域である。両変数間の直接的影響が薄いことがわかる。

ところで、直接でなく間接的変数間の影響を通じてCO_2排出DlogCに影響を働くこともある。DlogGDPがDlogCに影響を与える場合や、$DlogS^d$がDlogCに影響を与える場合に、もしDlogMjやDlogMkがDlogGDPや$DlogS^d$に影響をもつ場合には、DlogMjやDlogMkが間接的にDlogCに影響を与えることができる。

例えば、北京では

$$D\log Mj(D\log Mk) \Rightarrow D\log C \quad\quad\quad (ルート1)$$

という直接の変数間の関係以外にも

$$D\log Mj(D\log Mk) \Rightarrow D\log GDP \Rightarrow D\log C \quad\quad\quad (ルート2)$$

$$D\log Mj(D\log Mk) \Rightarrow D\log S^d \Rightarrow D\log C \quad\quad\quad (ルート3)$$

$$D\log Mj(D\log Mk) \Rightarrow D\log GDP \Rightarrow D\log S^d \Rightarrow D\log C \quad\quad\quad (ルート4)$$

$$D\log Mj(D\log Mk) \Rightarrow D\log S^d \Rightarrow D\log GDP \Rightarrow D\log C \quad\quad\quad (ルート5)$$

という間接的なルートを通して一つの変数から一つの変数へとその影響を伝えることも考えられる。以下はその概念図である。

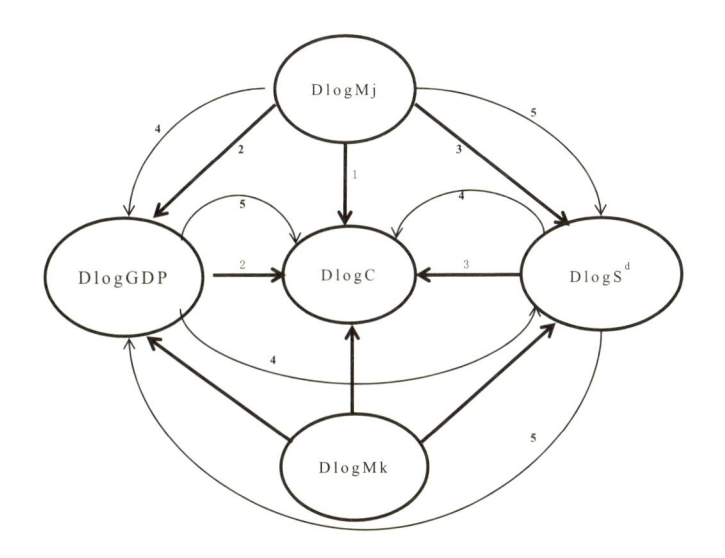

図5-2-1 階差を取ったGDP、日本・韓国の輸入、研究開発費用、CO_2排出量の因果関係

出所：筆者作成

　このようなルートを念頭において中国各地域で日本からの輸入DlogMjや韓国からの輸入DlogMkによりこのような間接的影響がある地域を探してみると、広西では日本からの輸入DlogMjが存在すること（ルート2）を確認した。上海、江蘇、江西、陝西では韓国からの輸入DlogMkが（ルート2）間接的影響を確認した。黒竜江では日本からの輸入DlogMjが（ルート3）間接的変数間の影響が持つことを確認した。山東では韓国からの輸入DlogMkが（ルート3）間接的変数間の影響が持つことを確認した。まとめると、CO_2排出へ輸入が直接に影響をもつのは7地域、間接に影響を持つのは6地域になる。

5.2.2 インパルス反応関数による因果関係の推測

　松浦克己・コリン・マッケンジー『Eviewsによる計量経済分析』ではVARモデルで各変数間の影響を分析す方法の一つに、ある式の誤差項に与えられた衝撃（イノベーション、innovation）がその変数や他の変数にどのように伝搬

しているかを見る方法があると説明する。ただし、その影響はVARモデルの変数の並べ方によって異なって現れる。並べ方の数は変数がm個であれば、その組合せはm！となる（3変数であれば6組、4変数であれば24組ある）。そこで重要と考えられる順に変数を並べ、影響の程度をみることが多い。ただしこの方法はデータをしてモデルを語らしめるという時系列モデルの趣旨から外れるところがある）。(5-2-4) 式の順番に変数が並んでいるとして因果関係を見ていく。

しかし直感的（視覚的）に影響の程度が把握しやすいことから、インパルス反応関数もVARモデルでは必ずと言って良いほど報告される。ここで、われわれは中国各地域のインパルス反応関数を推定し、その結果を報告する。

北京

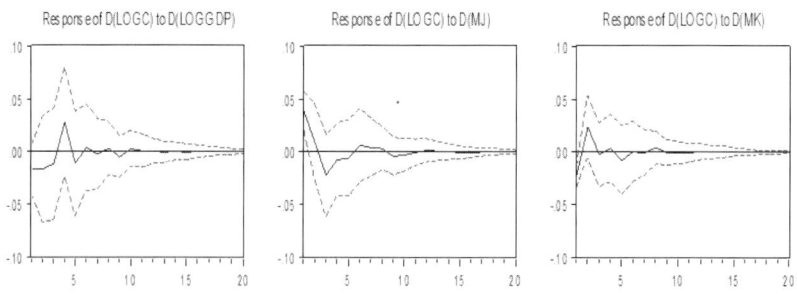

天津

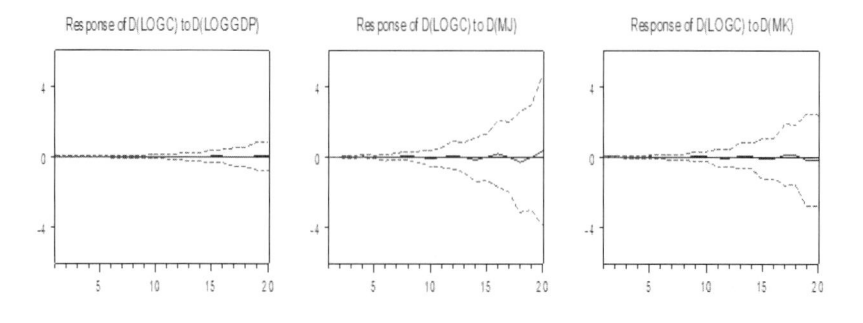

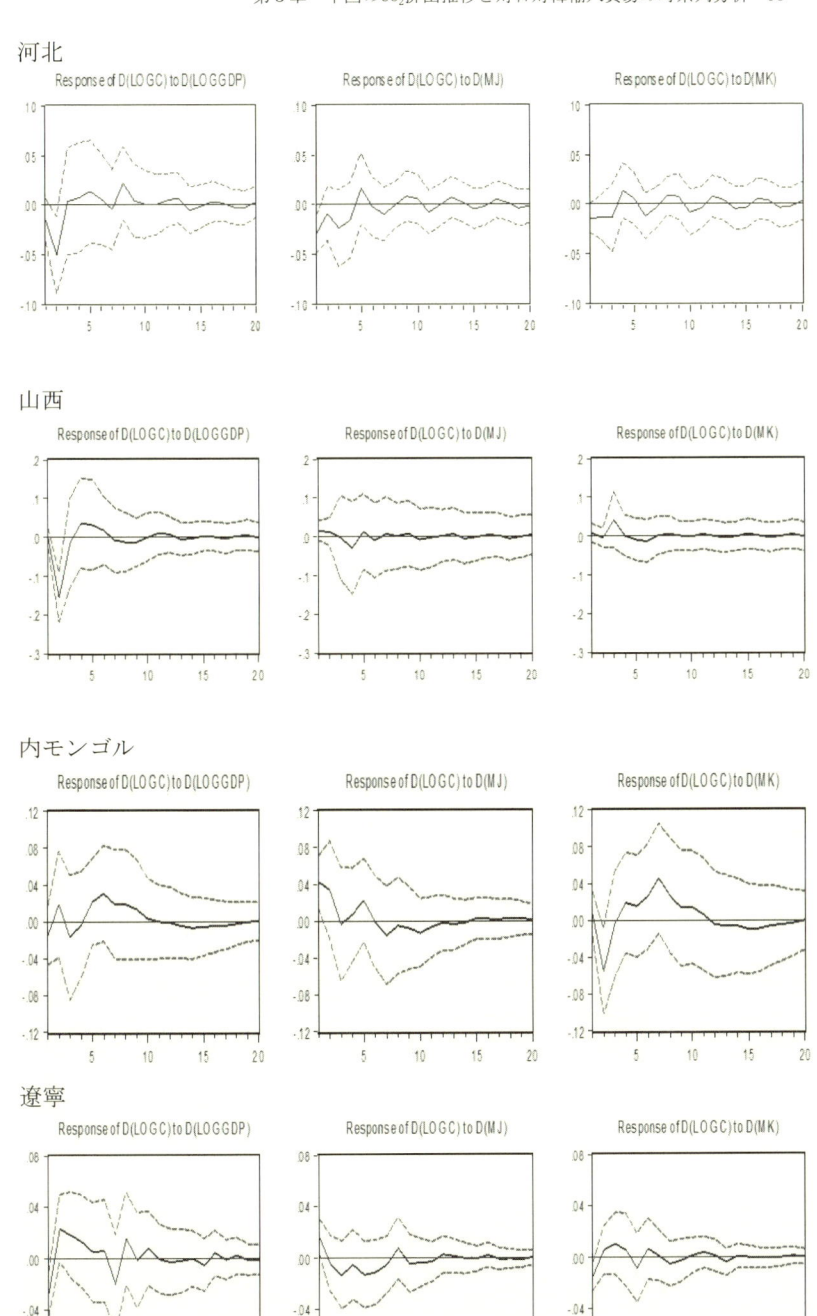

第5章 中国のCO₂排出推移と対日対韓輸入貿易の時系列分析　95

河北

山西

内モンゴル

遼寧

吉林

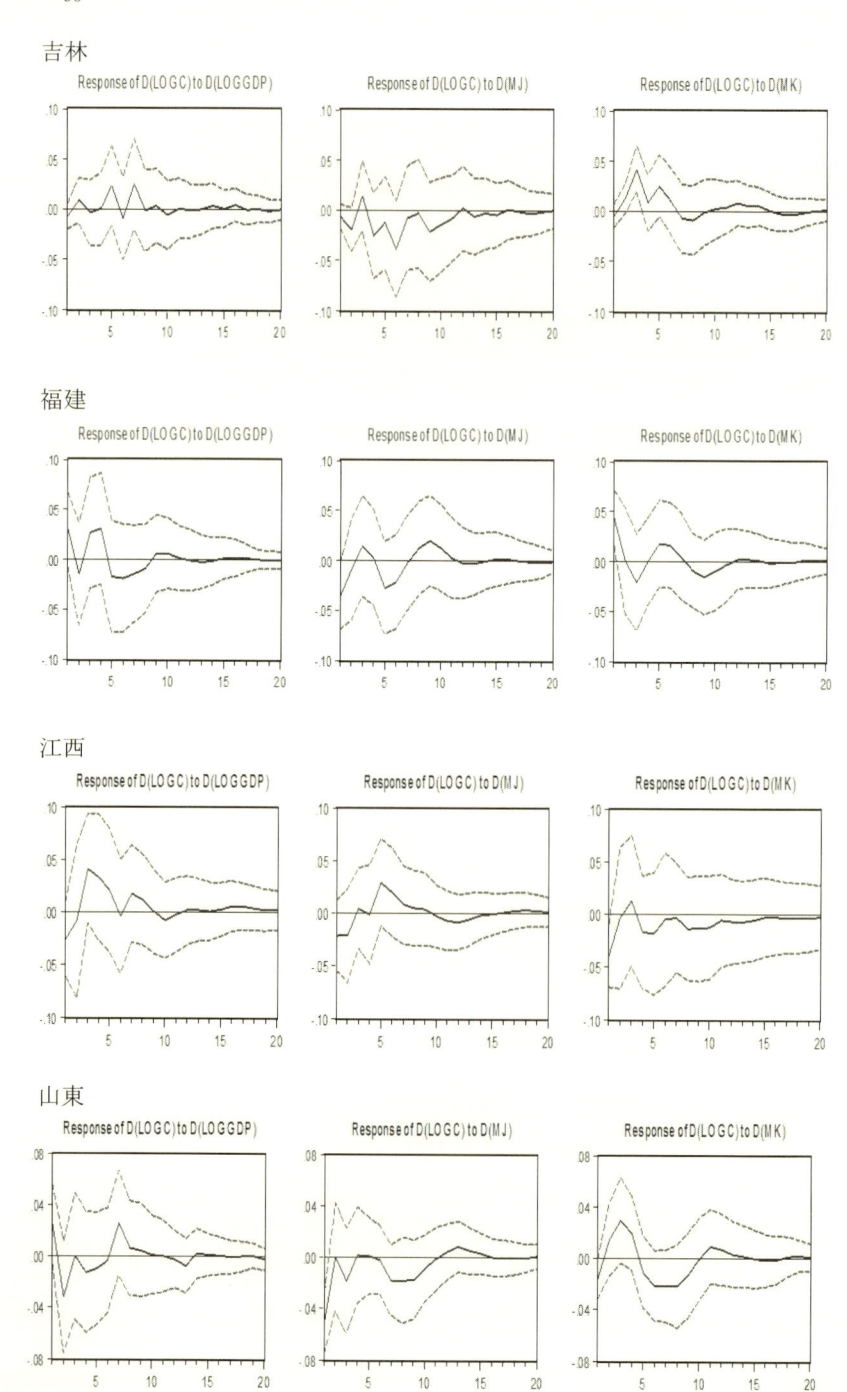

福建

江西

山東

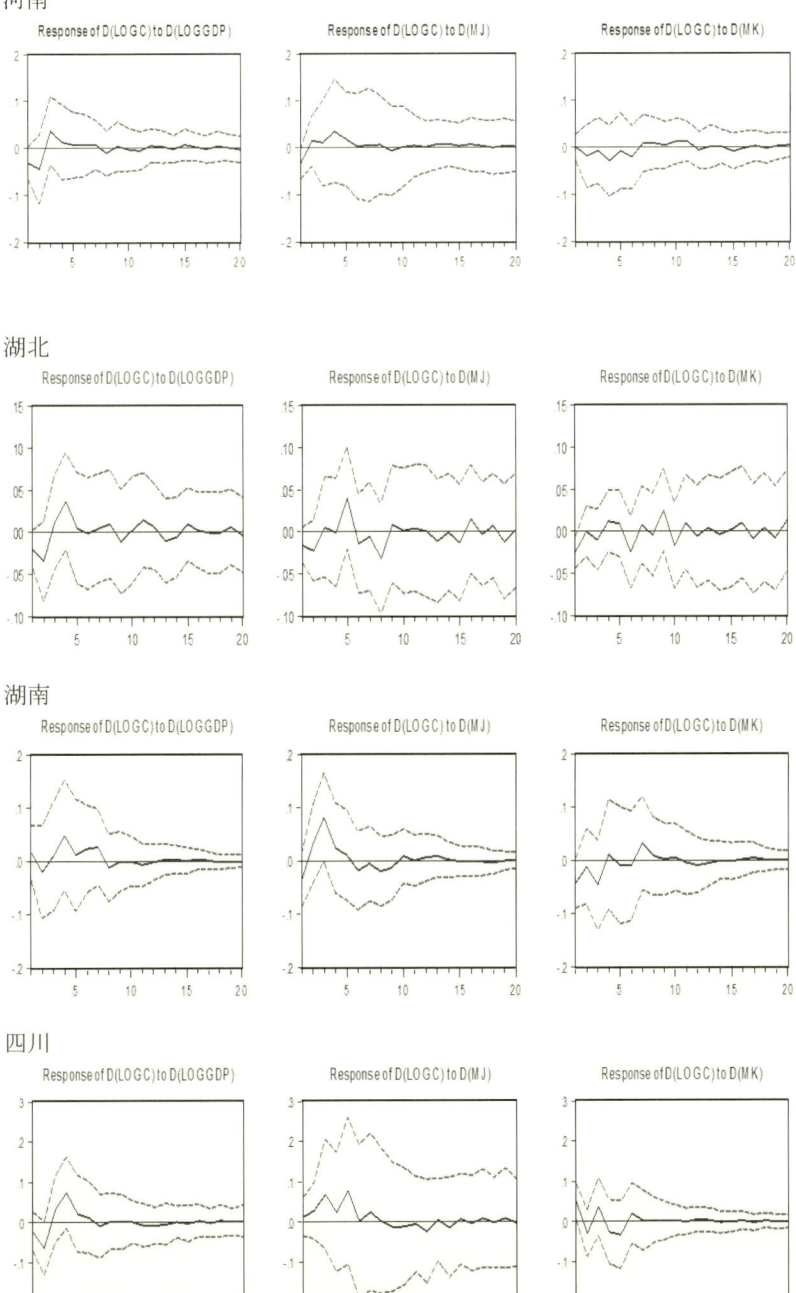

第5章 中国のCO₂排出推移と対日対韓輸入貿易の時系列分析　97

河南

湖北

湖南

四川

甘粛

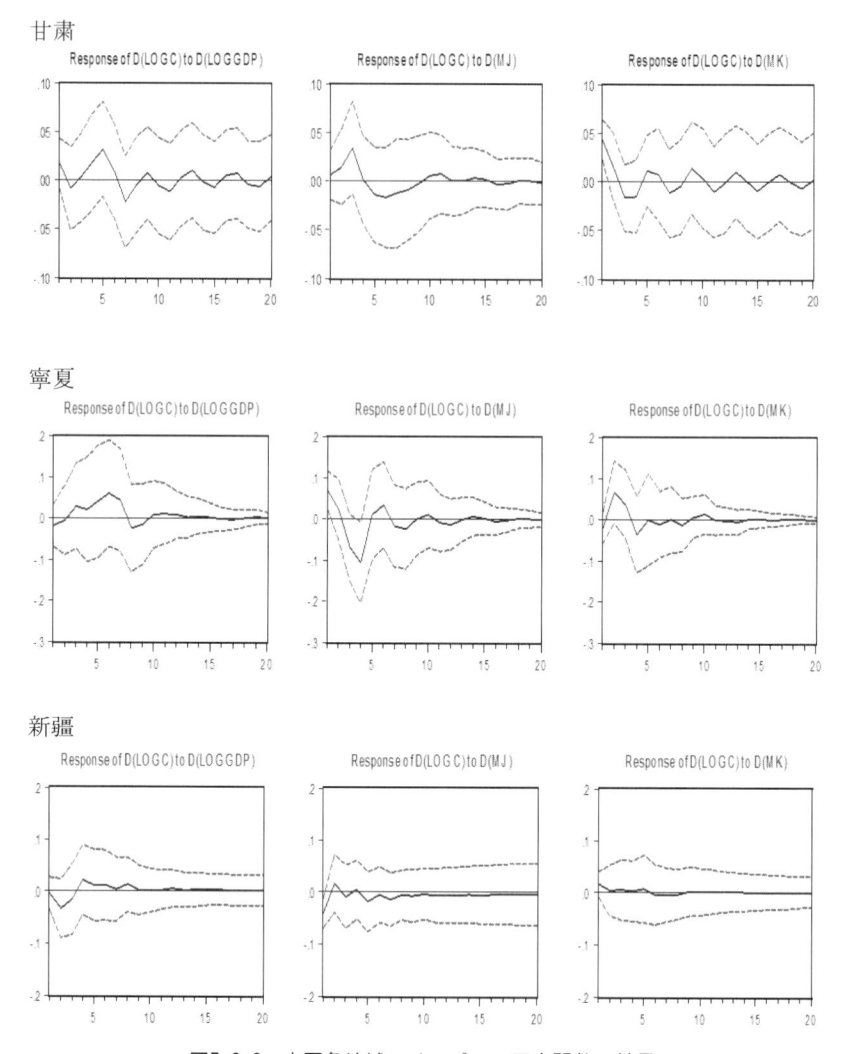

図5-2-2 中国各地域のインパルス反応関数の結果

出所：EViewsにより作成

以上は、中国各地域のインパルス反応関数の結果である。変数の順番はlogGDP、logMj、logMk、である。ここでは、日本からの輸入DlogMjと韓国からの輸入DlogMkのCO_2排出への影響に焦点を当て分析する。グラフの標準偏差幅のバンドが水平線より上か下に来ている範囲を見て、北京、天津、河北、

山西、内モンゴル、遼寧、吉林、福建、江西、山東、河南、湖北、湖南、四川、甘粛、寧夏、新疆の16地域の結果が短期間ではるが有意である。

　北京では、第2列の日本からの輸入DlogMjが最初の1期でCO_2排出にプラス効果を働いて、韓国からの輸入DlogMkも1期目で僅かなマイナス効果をしていることがわかる。天津では、第2列の日本からの輸入DlogMjが最初の1期でCO_2排出にプラス効果をもち、韓国からの輸入DlogMkも1期目で僅かなマイナス効果を持つことがわかる。河北では、第2列の日本からの輸入DlogMjが最初の1期でCO_2排出にマイナス効果を持つことがわかる。その後、ほとんど影響しないことがわかる。山西では、第2列の日本からの輸入DlogMjが最初の1期でCO_2排出にプラス効果を持つことがわかる。韓国からの輸入DlogMkも1期目で僅かなマイナス効果を持つことがわかる。その後、ほとんど影響しないことがわかる。

　内モンゴルでは、第2列の日本からの輸入DlogMjが最初の1期でCO_2排出にプラスに働いていることがわかる。その後、ほとんど影響しないことがわかる。遼寧では、第2列の日本からの輸入DlogMjが最初の1期でCO_2排出にプラス効果を持つことがわかる。韓国からの輸入DlogMkも1期目で僅かなマイナス効果を持つことがわかる。その後、ほとんど影響しないことがわかる。吉林では、第2列の日本からの輸入DlogMjが最初の1期でCO_2排出にマイナスに働いていることがわかる。福建では、第2列の日本からの輸入DlogMjが最初の1期でCO_2排出にマイナス効果を持つことがわかる。江西では、第3列の韓国からの輸入DlogMkが最初の1期でCO_2排出にマイナス効果を持つことがわかる。

　山東では、第2列の日本からの輸入DlogMjが最初の1期でCO_2排出にマイナスに働いていることがわかる。韓国からの輸入DlogMkも1期目でCO_2排出にマイナス効果を持つことがわかる。河南では、第2列の日本からの輸入DlogMjが最初の1期でCO_2排出にわずかながらマイナス効果を持つことがわかる。湖北では韓国からの輸入DlogMkも1期目でCO_2排出にマイナス効果を持つがわかる。湖南では、第2列の日本からの輸入DlogMjが最初の1期でCO_2排出にマイナス効果を持つことがわかる。韓国からの輸入DlogMkも1期目でCO_2排出に

マイナス効果を持つことがわかる。四川では韓国からの輸入DlogMkが1期目でCO$_2$排出にプラス効果を持つことがわかる。

甘粛では韓国からの輸入DlogMkが1期目でCO$_2$排出にプラス効果を持つことがわかる。寧夏では、第2列の日本からの輸入DlogMjが最初の1期でCO$_2$排出にプラス効果を働いていることがわかる。韓国からの輸入DlogMkも1期目でCO$_2$排出にマイナス効果をしていることがわかる。新疆では、第2列の日本からの輸入DlogMjが最初の1期でCO$_2$排出にマイナス効果を働いていることがわかる。

次に、中国・韓国・日本全体のCO$_2$排出量へのGDPやOPEN[ただし、本章のように輸入量だけでなく、(輸出額+輸入額/GDP)という指標をとっている]の影響はインパルス反応関数を通して見たEunho Choi, Almas Heshmati and Yongsung Cho (2010) の分析結果と本章のインパルス反応関数の結果を比べてみる。本論文の観測期間が20年間であり、Eunho Choi Almas Heshmati Yongsung Cho (2010) は10年間の分析であるので、ここでは最初の10年間のGDPがCO$_2$排出への影響の結果とEunho Choi, Almas Heshmati and Yongsung Cho (2010) を比べる。本章で得た北京、河北、山西、内モンゴル、遼寧、吉林、福建、山東、四川、甘粛、寧夏などの地域の結果と先行研究の中国の結果が一致している。本章の湖北、湖南の結果と先行研究の韓国の結果と一致している。河南、新疆の結果が先行研究の日本の結果と一致している。

最初の10年間の日本からの輸入DlogMjがCO$_2$排出へ与える影響の結果とEunho Choi, Almas Heshmati and Yongsung Cho (2010) を比べると、北京、内モンゴル、寧夏地域と先行研究の中国のOPENの結果が一致している。本章の河北、吉林、福建、江西、河南、湖北、湖南、四川、新疆の結果は先行研究の韓国のOPENの結果と一致している。本章の天津、山西、山東、甘粛の結果は先行研究の日本のOPENの結果と一致している。

最初の10年間の韓国からの輸入DlogMkのCO$_2$排出への影響の結果とEunho Choi, Almas Heshmati and Yongsung Cho (2010) を比べると、ここでの天津、河北、山西、福建、江西、河南、寧夏地域と先行研究の中国のOPENのインパルス反応関数の結果が一致している。ここでの北京、内モンゴル、吉林、山

東、湖北、湖南、甘粛の結果は先行研究の韓国のOPENの結果と一致している。山東、新疆の結果は先行研究の日本の結果と一致している。

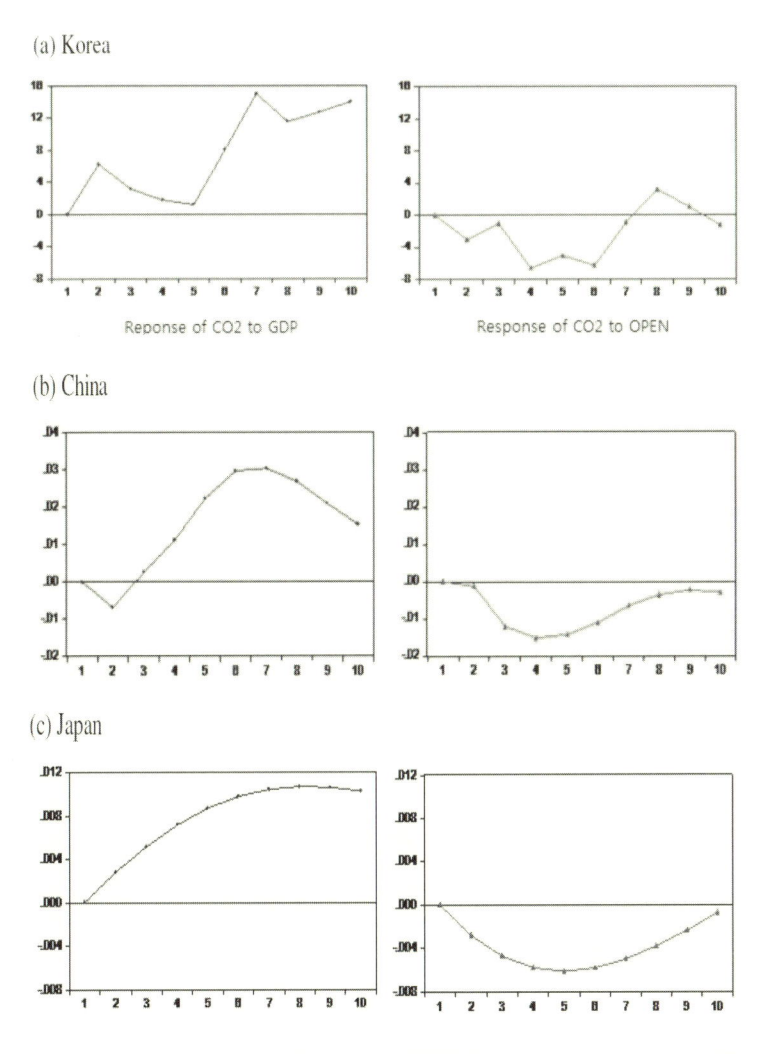

図5-2-3 インパルス反応関数によるGDPと開放度（OPEN）のCO_2排出への影響

出所：Eunho、Almas and Yongsung (2010)[19]より

---

[19] Eunho Choi・Almas Heshmati・Yongsung Cho (2010) "An Empirical Study of the Relationships between CO2 Emissions, Economic Growth and Openness" IZA Discussion Paper No. 5304 November

これ以外の地域では、インパルス関数で見たときCO$_2$排出への影響を確認できなかった。またこれらの地域において共通の特徴として、その影響を働く期間がほとんど最初の1、2期間であり、時間として短く、影響の大きさもそれほど大きくない。また、日本からの輸入DlogMjが影響を与える地域が多くて、その次が韓国からの輸入DlogMkである。

5.2.3 中国各地域予測誤差の分散分解の分析

インパルス反応関数では、ある変数に与えられたショックが各変数の時系列的な動きにどのように影響しているかを見た。ところである変数の変動にどの変数のショックが、どれだけ寄与しているかを知ることができれば、変数間の相互関係をより詳しく見ることができるであろう。その目的で提案されたのが予測誤差の分散分解（forecast errorvariance decomposition）である。ここで、われわれは中国各地域の予測誤差の分散分解を推定し、その結果を述べる。

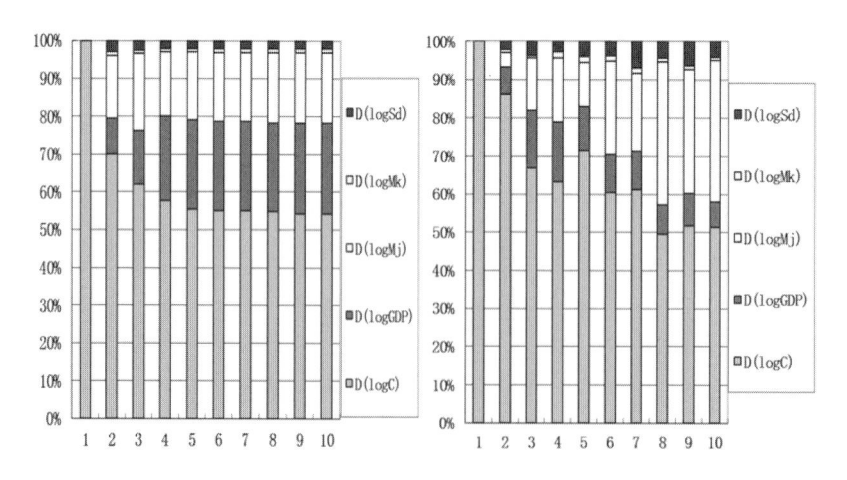

図5-2-4　北京、天津の予測誤差の分散分解
出所：EViewsにより作成

北京において日本からの輸入の撹乱がDlogCの誤差分散に与える影響は

20％程度である。韓国からの輸入の撹乱がDlogCの誤差分散に与える影響は１％くらいで、ほとんどみられない。両方からの影響は20％程度となる。

天津において日本からの輸入の撹乱がDlogCの誤差分散に与える影響は30％以上である。韓国からの輸入の撹乱がDlogCの誤差分散に与える影響は約１％程度で、ほとんどみられない。両方からの影響は35％くらいに達する。

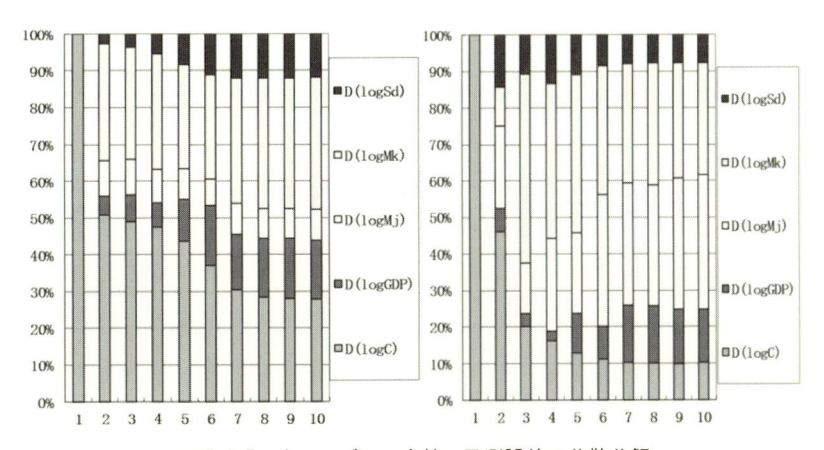

図5-2-5　内モンゴル、吉林の予測誤差の分散分解

出所：EViewsにより作成

内モンゴルにおいて日本からの輸入の撹乱がDlogCの誤差分散に与える影響は10％程度である。韓国からの輸入の撹乱がDlogCの誤差分散に与える影響は20％程度で、韓国からの影響が日本からの影響より大きい。合わせた影響が40％程度である。

吉林において日本からの輸入の撹乱がDlogCの誤差分散に与える影響は30％程度である。韓国からの輸入の撹乱がDlogCの誤差分散に与える影響は20％程度で、韓国からの輸入影響が強い。両国の輸入の影響は強く、70％近くに達することがわかる。

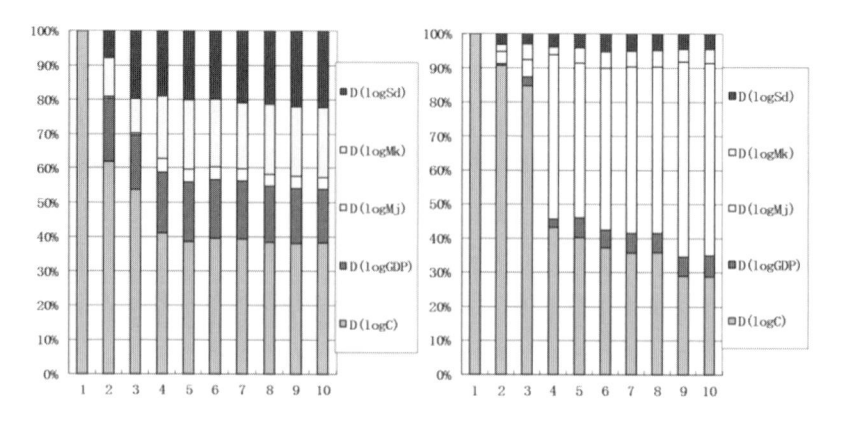

図5-2-6　上海、江蘇の予測誤差の分散分解
出所：EViewsにより作成

　上海において日本からの輸入の撹乱がDlogCの誤差分散への影響は5％程度である。韓国からの輸入の撹乱がDlogCの誤差分散に与える影響は20％程度で、韓国の影響が日本より大きい。両国を合わせた影響は約25％程度である。

　江蘇において日本からの輸入の撹乱のDlogCの誤差分散に与える影響は60％程度である。韓国からの輸入の撹乱がDlogCの誤差分散に与える影響は5％程度で、日本の影響かなり大きい。両国を合わせた影響は60％程度に達して大きい。

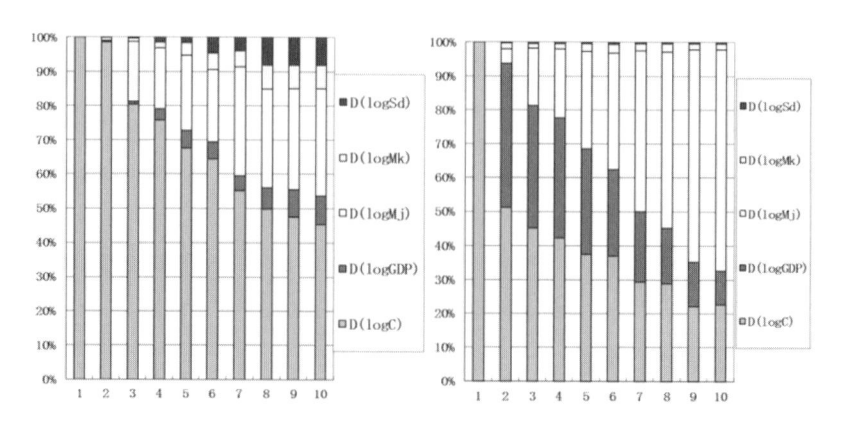

図5-2-7　浙江、安徽の予測誤差の分散分解
出所：EViewsにより作成

浙江において日本からの輸入の撹乱がDlogCの誤差分散に与える影響は約30％程度である。韓国からの輸入の撹乱がDlogCの誤差分散に与える影響は5％程度で、日本の影響が大きい。両国を合わせた影響は約35〜40％程度に達して大きい。

安徽において日本からの輸入の撹乱がDlogCの誤差分散に与える影響は約60％くらいである。韓国からの輸入の撹乱がDlogCの誤差分散に与える影響は2％程度で、日本の影響がかなり大きい。両国を合わせた影響も60％以上と大きく、2期以降影響が強くなっていることがわかる。

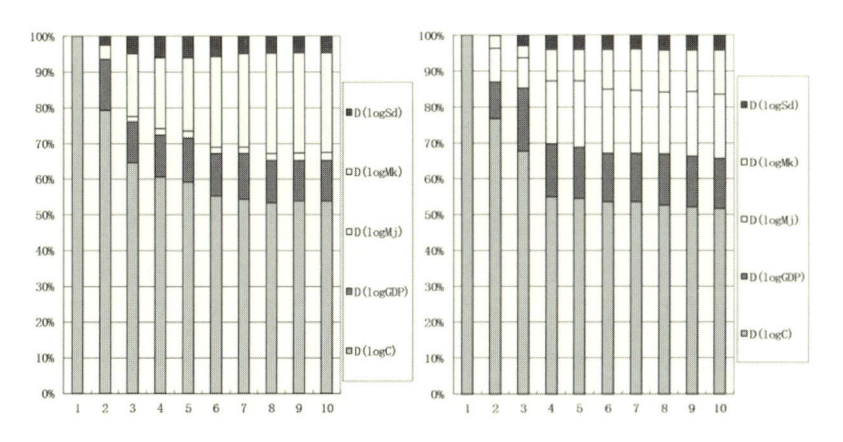

図5-2-8　山東、河南の予測誤差の分散分解
出所：EViewsにより作成

山東において日本からの輸入の撹乱がDlogCの誤差分散に与える影響は2％程度である。韓国からの輸入の撹乱がDlogCの誤差分散に与える影響は25％程度で、日本より大きい。両国を合わせた影響は約30％程度である。

河南において日本からの輸入の撹乱がDlogCの誤差分散に与える影響は15％程度である。韓国からの輸入の撹乱がDlogCの誤差分散に与える影響は10％程度で、日本より小さい。両国を合わせた影響は30％を超える。

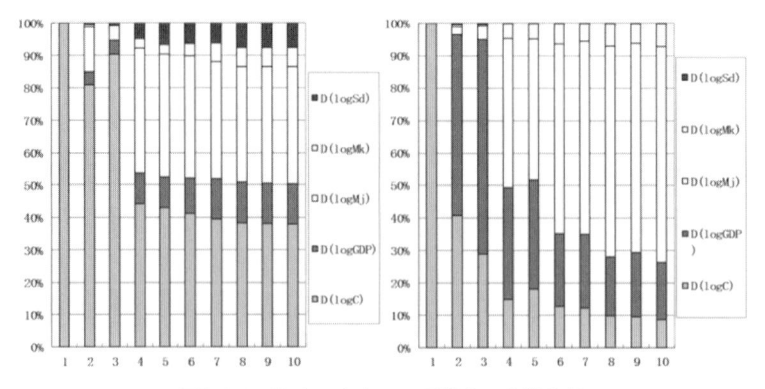

図5-2-9　湖南、広東の予測誤差の分散分解
出所：EViewsにより作成

　湖南において日本からの輸入の撹乱のDlogCの誤差分散に与える影響は35％程度である。韓国からの輸入の撹乱がDlogCの誤差分散に与える影響は5％程度で、日本よりかなり小さい。両国を合わせた影響は約45％程度と大きい。

　広東において日本からの輸入の撹乱がDlogCの誤差分散に与える影響は約65％程度と大きい。韓国からの輸入の撹乱がDlogCの誤差分散に与える影響は7％程度で、日本よりかなり小さい。両国からの影響を合わせると70％以上で著しく大きい。

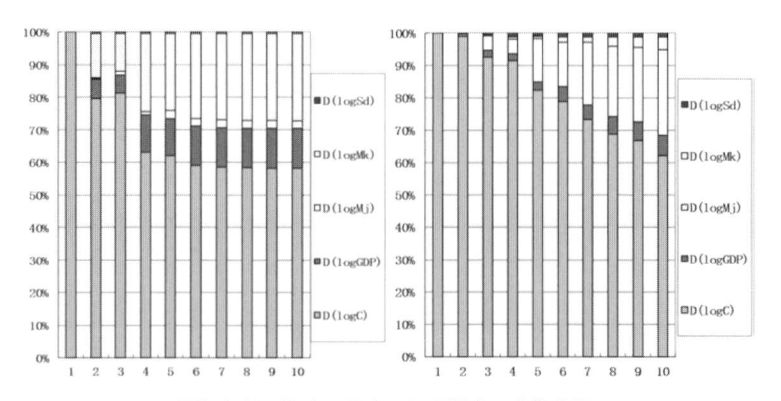

図5-2-10　海南、重慶の予測誤差の分散分解
出所：EViewsにより作成

海南において日本からの輸入の撹乱がDlogCの誤差分散に与える影響は2％程度で小さい。韓国からの輸入の撹乱がDlogCの誤差分散に与える影響は約25〜30％程度で大きい。両国からの影響を合わせると約35％程度に達して、ある程度影響がみられる。

重慶において日本からの輸入の撹乱のDlogCの誤差分散に与える影響は約25％程度である。韓国からの輸入の撹乱がDlogCの誤差分散に与える影響は3％程度で、日本よりかなり小さい。両国からの影響を合わせると約30％に達する。

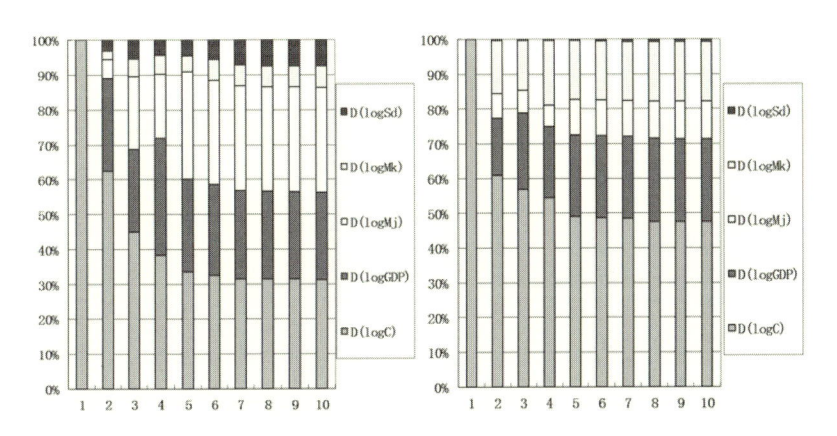

図5-2-11 四川、貴州の予測誤差の分散分解

出所：EViewsにより作成

四川において日本からの輸入の撹乱がDlogCの誤差分散に与える影響は約30％程度である。韓国からの輸入の撹乱がDlogCの誤差分散に与える影響は5％程度で、日本より小さい。両国からの影響を合わせると40％に達するのである程度大きい。

貴州において日本からの輸入の撹乱がDlogCの誤差分散に与える影響は10％程度である。韓国からの輸入の撹乱がDlogCの誤差分散に与える影響は18％程度で、日本より大きい。両国からの影響を合わせると約30％である程度みられる。

雲南において日本からの輸入の撹乱がDlogCの誤差分散に与える影響は
2％程度と小さい。韓国からの輸入の撹乱がDlogCの誤差分散に与える影響は
4％程度である。両国からの影響を合わせても10％以内である。

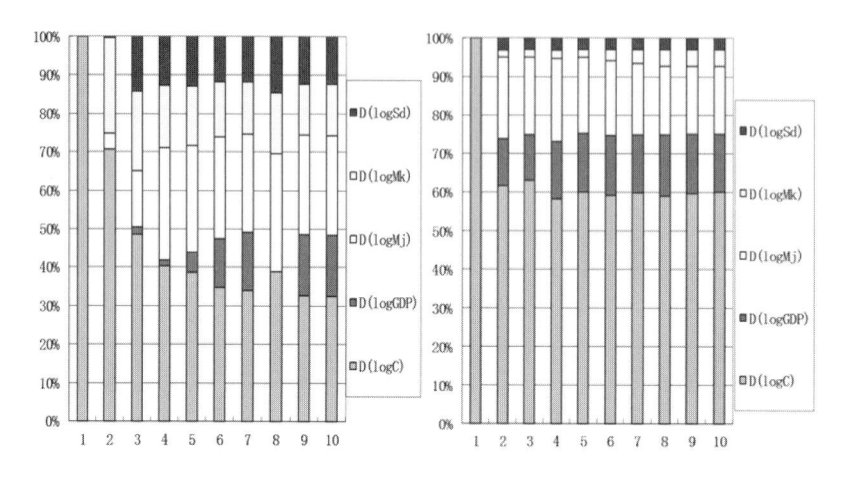

図5-2-12　寧夏、新疆の予測誤差の分散分解

出所：EViewsにより作成

寧夏において日本からの輸入の撹乱がDlogCの誤差分散に与える影響は約25％程度である。韓国からの輸入の撹乱がDlogCの誤差分散に与える影響は15％くらいで、日本より小さい。両国からの影響を合わせると約40％程度と大きい。

新疆において日本からの輸入の撹乱がDlogCの誤差分散に与える影響は約15％程度である。韓国からの輸入の撹乱がDlogCの誤差分散に与える影響は5％程度で、日本より小さい。両国からの影響を合わせると約20〜25％である。

全体をまとめてみると大半の地域において日本と韓国からの輸入の撹乱がDlogCの誤差分散に与える影響は大きい。その内、日本の輸入の撹乱がDlogCの誤差分散に与える影響は比較的に大きい。一部の地域では、（例えば、上海、内モンゴル、山東）韓国からの輸入の撹乱がDlogCの誤差分散に与える影響は大

きい。

表5-2-2　中国各地域日本と韓国からの輸入影響

中国各地域日本と韓国からの輸入影響					
北　京	△	浙　江	○	海　南	○
天　津	○	安　徽	◎	重　慶	○
河　北	×	福　建	×	四　川	○
山　西	×	江　西	△	貴　州	○
内蒙古	○	山　東	○	云　南	×
辽　宁	×	河　南	○	陝　西	×
吉　林	◎	湖　北	△	甘　肅	○
黒龙江	△	湖　南	◎	青　海	×
上　海	△	広　東	◎	宁　夏	○
江　苏	◎	広　西	○	新　疆	△

出所：筆者が作成
◎は50％以上　5地域　　○は30％以上　12地域
△は15％以上　6地域　　×は10％未満　7地域

　両国からの影響を合わせてみると、影響が著しいのは吉林、江蘇、安徽、湖南、広東で東部に近い地域と沿岸地域であり、内陸発展途上地域より関係が強いといった地域である。かなりの影響がある地域は天津、内モンゴル、浙江、山東、河南、広西、海南、重慶、四川、貴州、甘肅、寧夏という内陸発展途上地域とこれから経済発展が伸びる地域である。
　次に、ここで得られた分散分解の結果とEunho Choi, Almas Heshmati and Yongsung Cho (2010) の中国・日本・韓国のデータの結果を比較してみよう。

第3節　先行研究との比較

　第2節において導いた中国各地域のCO_2排出量に与える要因としてのGDP、輸入、研究開発費用の影響に関する結果を中国一国全体の分析ではあるが、

求めているEunho Choi, Almas Heshmati and Yongsung Cho (2010) らの研究結果と比較する。第2節で示したグラフが、以下の表5-3-1のEunho Choi Almas Heshmati Yongsung Cho (2010) の結果とかなり一致していることがわかる。CO_2排出量の影響の大きさを見ると、第2節の10期における％と示した北京、天津、河北、内モンゴル、遼寧、黒竜江、上海、江蘇、浙江、安徽、福建、江西、山東、河南、湖北、湖南、広西、海南、重慶、四川、貴州、雲南、陝西、甘粛、青海、寧夏、新疆の結果がEunho Choi, Almas Heshmati and Yongsung Cho (2010) の中国の結果と1期前のCO_2自身のCO_2への影響の％のウェイトがほぼ一致していることがわかる。GDPの影響の大きさを見ると、河北、山西、黒竜江、福建、江西、広西、四川、貴州、甘粛、新疆の結果はと先行研究の中国の結果がGDPの影響の％のウェイトがほぼ一致している。

日本からの輸入DlogMjと韓国からの輸入DlogMkの影響をあわせてみる（つまり、Eunho Choi, Almas Heshmati and Yongsung Cho (2010) の開放度と同じ）の影響の大きさをみると、北京、天津、内モンゴル、吉林、上海、江蘇、浙江、安徽、山東、河南、湖南、広東、海南、重慶、四川、貴州、甘粛、寧夏、新疆の結果は先行研究の中国の結果と輸入の影響の％のウェイトがほぼ一致している。黒竜江、遼寧、福建、江西、雲南、陝西、青海、の結果は先行研究の韓国の結果と輸入の影響の％のウェイトがほぼ一致している。河北、山西、江西、湖北、の結果は先行研究の日本の結果と輸入の影響の％のウェイトがほぼ一致している。

Eunho Choi, Almas Heshmati and Yongsung Cho (2010) は中国、韓国、日本という経済発展のさまざまなレベルを反映する3つの主要な東アジア諸国のコンテキストでこのトピックを扱う。彼らの分散分解とインパルス反応関数の結果が示すよう、CO_2自身のイノベーションにより、CO_2の予測誤差分散は、韓国では20年後に25.7％である。GDPのイノベーションの影響が主なものであり、67.2パーセントまでがGDPに影響される。対照的に、開放度のイノベーションは最低の影響力を持つ要因である。CO_2の予測誤差分散は国内総生産（GDP）のイノベーションによって説明することができる。

表5-3-1　先行研究のCO₂予測誤差の分散分解値（％）

Period	China CO₂	GDP	OPEN	Korea CO₂	GDP	OPEN	Japan CO₂	GDP	OPEN
1	100.00	0.00	0.00	100.00	0.00	0.00	100.00	0.00	0.00
2	88.79	1.05	10.16	79.23	16.83	3.93	99.32	0.34	0.34
3	74.26	13.35	12.39	75.69	20.09	4.22	97.84	1.16	1.00
4	68.91	13.16	17.92	63.74	17.86	18.39	95.71	2.48	1.81
5	68.43	13.23	18.34	58.51	16.75	24.74	93.13	4.25	2.63
6	58.88	11.38	29.75	44.93	27.55	27.52	90.32	6.37	3.31
7	34.97	8.68	56.36	31.06	51.17	17.76	87.53	8.70	3.77
8	30.45	15.24	54.31	26.56	57.74	15.70	84.95	11.07	3.98
9	24.80	31.45	43.75	23.10	63.84	13.07	82.70	13.31	3.99
10	32.44	34.75	32.81	22.69	66.73	10.58	80.82	15.27	3.90
11	39.55	33.82	26.64	24.05	66.63	9.32	79.28	16.90	3.83
12	39.58	37.02	23.40	22.95	68.53	8.51	77.97	18.15	3.88
13	36.00	42.65	21.35	22.41	69.75	7.84	76.81	19.05	4.14
14	25.35	57.34	17.31	22.85	69.89	7.26	75.69	19.65	4.66
15	18.83	67.27	13.90	22.46	70.36	7.18	74.56	20.00	5.43
16	11.22	68.68	20.11	22.35	70.46	7.18	73.39	20.16	6.45
17	7.04	70.16	22.79	22.41	70.36	7.23	72.18	20.17	7.64
18	5.59	74.12	20.29	22.45	70.27	7.28	70.96	20.09	8.96
19	4.28	75.99	19.73	23.59	69.24	7.17	69.75	19.93	10.32
20	3.35	77.56	19.08	25.75	67.25	6.99	68.62	19.73	11.66

出所：Eunho Choi, Almas Heshmati and Yongsung Cho (2010) 5.7節予測誤差の分散分解より

　他方、中国のCO_2の予測誤差分散をみるとCO_2の分散の割合は77.6％程度であり、開放度のイノベーションによる誤差の割合は19.1％程度である。CO_2はわずか3.0％である。最後に日本は中国とはっきりと違いを示している。GDPショックのシェアは19.7％であり、開放度のシェアは11.7％である。しかし、20年後のショックの後、CO_2自身のショックがCO_2の予測誤差の68.6％以上を説明している。韓国や中国と比較した場合、その違いは非常に顕著である。注意すべき点は、Eunho Choi, Almas Heshmati and Yongsung Cho (2010) が開放度という概念に対し、本論文では輸入の影響に問題を限定して、その効果を考察することである。

　これに対し、われわれが行った本章の結果からみると、まずインパルス応

答関数の結果により、日本からの輸入DlogMjと韓国からの輸入DlogMkが（1標準偏差の誤差幅で有意になる）CO_2排出に影響を与える地域が、北京、河北、山西、内モンゴル、遼寧、吉林、福建、江西、山東、河南、湖北、湖南、四川、甘粛、寧夏、新疆の16地域である。これ以外の地域では、インパルス関数でCO_2排出への影響を確認できなかった。これらの地域において共通の特徴として、その影響が働く期間がほとんど最初の1、2期間であり、時間として短く、影響の大きさもそれほど大きくない。また、日本からの輸入DlogMjは影響を働く地域が多くて、その次が韓国からの輸入DlogMkである。インパルス応答関数の結果からみて、輸入がCO_2排出に関係するとは結論できない。

しかし、予測誤差の分散分解をみれば、多くの地域においてCO_2の分散の割合はが20～50％以上であり、日本からの輸入DlogMjと韓国からの輸入DlogMkの影響が顕著である。図5-2-4～図5-2-18をみると日本と韓国からの輸入の撹乱がDlogCの誤差分散に与える影響は大きい。その内、特に影響が著しいのは吉林、江蘇、安徽、湖南、広東で東部に近い地域と沿岸地域であり、内陸発展途上地域より関係が強いといった地域である。かなりの影響がある地域は天津、内モンゴル、浙江、山東、河南、広西、海南、重慶、四川、貴州、甘粛、寧夏という内陸発展途上地域とこれから経済発展が伸びる地域である。この点では、Eunho Choi, Almas Heshmati and Yongsung Cho (2010) と同じように経済発展が目覚ましい東部に近い地域と沿岸地域では（つまり、先進国を代表する日本のような地域）、日本と韓国からの輸入の撹乱がDlogCの誤差分散に与える影響は大きい。これに対し、日本と韓国からの輸入の撹乱がDlogCの誤差分散に与える影響は天津、内モンゴル、浙江、山東、河南、広西、海南、重慶、四川、貴州、甘粛、寧夏という内陸発展途上地域では弱い。

っっっっっっ
第6章 中国のCO_2排出量の日本・韓国からの輸入に対する回帰分析

第1節 CO_2排出関数と共和分検定

6.1.1 CO_2排出関数の導出

ここでは、CO_2排出量がGDPと共に増大するが、他方で輸入によって減少させられ、またR&D投資によって削減させられると考えて、次のような回帰分析を行ってみる。

線形のCO_2排出関数を表したのが下の式である。ただし、各変数は対数変換されるものとする。

$$\ln C = \alpha + \beta_1 \ln GDP + \beta_2 \ln M_J + \beta_3 \ln M_K + \beta_4 \ln S^d \qquad (6\text{-}1\text{-}1)$$

CはCO_2排出量、GDPは地域内総生産、M_Jは日本からの輸入額、M_kは韓国からの輸入額、S^dは国内のR&D研究開発資本額を示す。説明変数のデータについては、すべて実質値であり、いずれも基準年は1995年、また、データのすべて1995年の値を1として指数化した値を分析に用いる。

6.1.2 共和分検定

(1) 共和分と見せかけの回帰

時系列データを用いて (6-1-1) 式のような回帰式の推定を行う際、説明変数、被説明変数が定常であるか非定常であるかが問題となる。一般にI(1)変

数間の回帰は、それぞれの変数が独自の確率的な推移を示しているため、真の関数関係ではなく、「見せかけ」の関係を示す危険性が高いことが指摘されている。しかしながら、I(1)変数どうしの線形結合が長期的かつ安定的な均衡関係を表わす場合が存在する。これが「共和分」関係である。共和分にあるI(1)変数間のOLS回帰は共和分回帰と称され、パラメータのOLS推定量はサンプル数の増加とともに急速に真の値に収束する。共和分に関するこの一連の関係を初めて論じたのがEngle and Granger (1978) である。

ここでの議論に関連させて言えば、CO_2排出量を構成する各I(1)変数が共和分の関係にあるかどうかを検討することは、CO_2排出量関数そのものが長期安定的な関係を表わしているか否かを検討することである。Engle and Granger (1978) は共和分の存在について次の二段階の検定の方法を提唱しており、これが最も一般的な共和分検定の方法であるとされる（以下、E-G二段階検定と言う）。

Step 1：共和分の関係を検定する変数の組み合わせを示す

$$\ln C = \alpha + \beta_1 \ln GDP + \beta_2 \ln M_J + \beta_3 \ln M_K + \beta_4 \ln S^d \qquad (6\text{-}1)$$

OLSにより推計を行い（すなわちCO_2排出量関数を (6-1) 式から求める）、その残差系列

$$\hat{u}_t = \ln C - \hat{\alpha} + \hat{\beta}_1 \ln GDP + \hat{\beta}_2 \ln M_J + \hat{\beta}_3 \ln M_K + \hat{\beta}_4 \ln S^d$$

$$(6\text{-}2)$$

を求める。

Step 2：求められた残差系列$\hat{u}_t$に対してADFテストを実行し、残差系列に単位根が認められない場合、上記の変数の組み合わせ

$$\ln C = \alpha + \beta_1 \ln GDP + \beta_2 \ln M_J + \beta_3 \ln M_K + \beta_4 \ln S^d \qquad (6\text{-}1)$$

は共和分の関係にあるとする。

なお、E-G二段階検定のcritical valueは変数の組み合わせ数によって異なり、これはPhillips et. al（1990）によって与えられている。ここではそのほかの有力な検定方法であるJohansen（1988）の共和分検定の結果を考慮して判断することとする。各地域の共和分関係の存在に関するJohansen検定の結果を整理してみる。

表6-1　中国各地域共和分関係の数

0.05 level	Traceと最大固有値						
東部地域			中部地域			西部地域	
北　京	2	1	山　西	4	4	広　西	5	2
天　津	5	5	内蒙古	2	1	重　慶	2	2
河　北	3	3	吉　林	4	1	四　川	3	3
遼　寧	3	3	黒龍江	2	2	貴　州	1	0
上　海	2	2	安　徽	3	3	雲　南	4	3
江　蘇	5	5	江　西	5	2	陝　西	5	3
浙　江	5	2	河　南	5	3	甘　粛	4	2
福　建	4	2	湖　北	4	4	青　海	3	1
山　東	5	5	湖　南	4	0	寧　夏	3	1
広　東	3	3				新　疆	5	3
海　南	4	3						

出所：Eviewsにより計算

表6-1によるとほとんどの地域において、共和分関係が1つ以上存在するので、共和分関係が存在しないという帰無仮説は有意水準5％で棄却できないという結果が得られたと言えよう。

表6-2はJohansen検定を利用した共和分関係化が1個しかない時の共和分係数の推定値の結果である。（　）内の数値はP値を示す。次に変数間の共和分関係でみたCO_2排出量への各要因の影響の存在についてみる。つまり共和分係数をJohansen検定で見てみる。

なお、Eunho Choi Almas Heshmati Yongsung Cho (2010) 20は韓国、中国、日本について、CO_2排出量、GDP、開放度（輸出額+輸入額）/GDPのレベル変数間の共和分関係について調べた。韓国の場合、ゼロとr＜1の帰無仮説は有意水準5％で棄却される。一方、r＜2の帰無仮説は有意性の任意のレベルで棄却することができない。

　この結果に基づいて、これらの変数は長期関係を表す二つの共和分ベクトルを持っていると判断される。Johansenとジュリアス（1990）メソッドからの結果は、共和分ベクトルの存在を示す。これは、変数間の長期的な関係があることを示唆している。

　その結果、データが非定常であると変数が共和分されている。中国の場合には、ゼロの帰無仮説は5％水準で棄却される。日本のケースでは、帰無仮説のすべてが5％水準で棄却されない。日本の場合では共和分ベクトルはないのでVARモデルが日本のデータに採用されると結論付けた。

　本章では、Eunho Choi, Almas Heshmati and Yongsung Cho (2010) のようにCO_2排出量、GDP、開放度の間の共和分関係について調べ、(6-1) 式のようにCO_2排出量、GDP、日本からの輸入、韓国からの輸入、中国国内R&D研究開発費用という5変数の間の共和分関係を見てみる。

　表6-2の意味を説明すると、西部地域の広西の結果を例に韓国からの輸入Mkが1％増えるとCO_2排出量が0.179％増加する。これは、韓国からの輸入が増えると、この地域（広西）のエネルギー消費が増加し、CO_2排出量も増加することを示す。

---

[20] An Empirical Study of the Relationships between CO_2 Emissions, Economic Growth and Openness IZA Discussion Paper No. 5304 November 2010

第6章　中国のCO₂排出量の日本・韓国からの輸入に対する回帰分析　117

表6-2　中国各地域共和分ベクトル係数の推計

従属変数logC		logGDP	logMJ	logMK	logSD	C
東部	北　京	0.3037 (0.0319)**	0.0924 (0.003)**	−0.0028 (−0.838)	−0.3734 (0.0592)*	−0.398 (0.0011)***
	天　津	−0.1022 (−0.321)	0.1278 (0.0021)***	−0.0425 (−0.063)	0.5326 (0.0001)***	−0.4638 (0)***
	河　北	0.6432 (0.0464)**	−0.2549 (0.0246)**	0.2612 (0.023)**	0.1115 (−0.586)	−0.1801 (−0.225)
	遼　寧	0.3328 (0.0141)**	−0.0593 (−0.376)	−0.058 (−0.138)	0.22 (0.0373)**	0.3203 (−0.252)
	上　海	−0.2371 (0.0053)***	0.0974 (0.0089)***	−0.0138 (−0.585)	0.3311 (0)***	−0.4734 (0.0003)***
	江　蘇	0.5701 (−0.428)	−0.1206 (−0.344)	0.1241 (−0.344)	−0.0116 (−0.98)	−0.0554 (−0.932)
	浙　江	−0.5099 (−0.588)	−0.0816 (−0.636)	0.0861 (−0.548)	0.5383 (−0.205)	0.0035 (−0.995)
	福　建	0.2035 (−0.482)	−0.0753 (−0.849)	−0.0151 (−0.56)	0.6355 (0.0185)**	0.2426 (−0.515)
	山　東	0.2562 (−0.736)	−0.4877 (−0.119)	0.1378 (−0.233)	0.5526 (−0.253)	1.0592 (−0.261)
	広　東	0.2921 (−0.328)	0.0946 (−0.258)	−0.0109 (−0.897)	0.1911 (−0.25)	−0.6551 (0.0034)***
	海　南	1.202 (0.0012)***	−0.2064 (−0.325)	−0.0405 (−0.894)	0.6406 (0.02)**	−0.0798 (−0.9)
	東部平均	0.269	−0.079	0.039	0.306	−0.062
中部	山　西	−0.2314 (−0.2922)	0.0469 (−0.5595)	0.1228 (−0.193)	0.3087 (−0.0839)	−0.1196 (−0.2166)
	内蒙古	0.6978 (0.000)***	0.0298 (−0.5048)	−0.034 (−0.3533)	0.2415 (0.0738)*	−0.0985 (−0.1108)
	吉　林	0.277 (−0.3751)	0.0099 (−0.866)	−0.0061 (−0.9467)	0.2103 (−0.5761)	−0.1339 (−0.4827)
	黒龍江	−0.6806 (−0.1093)	0.0784 (−0.1021)	−0.244 (0.0002)***	0.6573 (0.0143)**	0.273 (0.0778)*
	安　徽	0.2011 (−0.3576)	−0.0975 (0.0471)**	0.0781 (0.002)***	0.2442 (0.0816)**	−0.0293 (−0.7977)
	江　西	0.442 (0.0257)**	−0.1765 (0.0594)*	0.1073 (0.0909)*	0.2244 (−0.2407)	−0.1461 (−0.1229)
	河　南	0.9555 (0.0044)***	0.1463 (−0.2044)	−0.0122 (−0.9287)	−0.1613 (−0.4546)	−0.4445 (0.0356)**
	湖　北	0.0693 (−0.7416)	0.081 (−0.2139)	−0.1727 (0.0365)**	0.4359 (0.0112)**	−0.1396 (−0.2979)
	湖　南	−0.2284 (−0.7097)	0.0224 (−0.8634)	−0.2118 (0.0039)***	0.7231 (−0.1367)	−0.1107 (−0.6997)
	中部平均	0.1669	0.0156	−0.0414	0.3205	−0.1055
西部	広　西	0.6091 (0.0071)***	0.1241 (−0.2579)	0.1788 (0.093)*	−0.2562 (−0.2717)	−0.3685 (0.0002)***
	重　慶	−0.0626 (−0.8215)	−0.107 (−0.1828)	−0.0151 (−0.8373)	0.444 (0.0345)**	0.2362 (−0.3898)
	四　川	0.3031 (0.0301)**	−0.0091 (−0.8708)	0.3806 (0.0001)***	−0.4363 (0.0002)***	−0.7642 (0.0003)***
	貴　州	0.1654 (−0.1575)	−0.0609 (−0.1938)	0.0201 (−0.7361)	0.4637 (0.0003)***	−0.0533 (−0.2415)
	雲　南	1.0954 (0.0798)*	0.2962 (−0.1142)	0.1849 (0.0739)*	−0.4869 (−0.2264)	−0.4835 (0.006)***
	陝　西	0.7682 (0.0065)***	−0.0344 (−0.9306)	0.0808 (−0.5511)	0.0682 (−0.7691)	−0.3168 (−0.7237)
	甘　粛	0.1801 (0.0001)***	0.0145 (−0.1518)	0.0938 (0.00)***	0.2174 (0.00)***	−0.0227 (−0.1992)
	青　海	0.6369 (0.0019)***	0.0326 (−0.4728)	0.0873 (−0.2279)	−0.1 (−0.6607)	0.1668 (−0.465)
	寧　夏	0.915 (0.0003)***	0.1152 (−0.1765)	0.1544 (0.0908)*	−0.2724 (−0.3159)	0.3398 (−0.2021)
	新　疆	0.7485 (0.0004)***	−0.1358 (0.001)***	0.2157 (0.0115)**	−0.0358 (−0.8709)	−0.0683 (0.0821)*
	西部平均	0.5359134	0.0235344	0.138133	−0.039439	−0.133455

出所：Fully Modified Least Squares (FMOLS) によりEviewsで計算
　　　（　）内P値　***1％、**5％、*10％有意

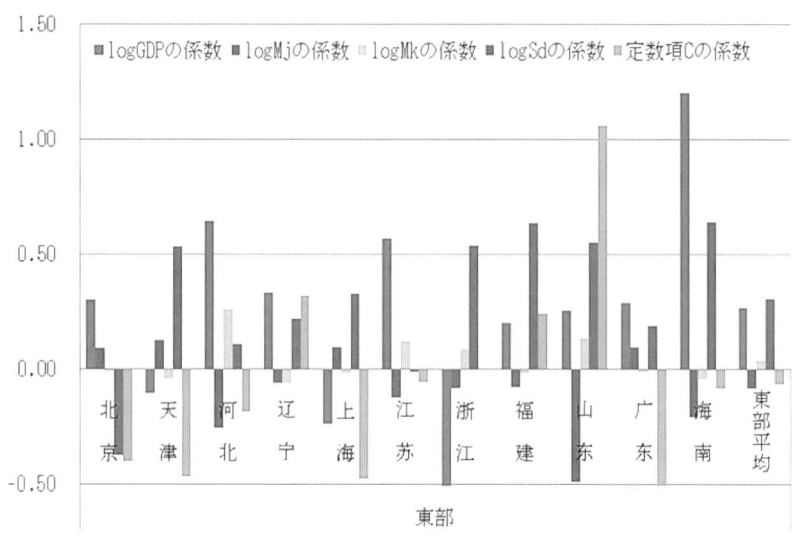

図6-1　東部地域の各要因のCO$_2$排出量弾力性係数
出所：表7-2より作成

これは、韓国の輸入品が地域の生産活動と補完するので、生産物（エネルギー消費）が増えることを表す。つまり、広西での韓国からの輸入品は、広西の生産物を補完する役割をしている。これと逆に、例えば新疆の日本からの輸入Mjが1％増えるとCO$_2$排出量が-0.1338％減少する。日本からの輸入が増えると、新疆の地域のエネルギー消費が減少する。これは、輸入品が地域の生産物と代替的であるので、地域生産物の生産（エネルギー）が少なくなることを表す。

表6-2では、P値から見て有意水準、***1％（0.01）、**5％（0.05）、*10％（0.1）での有意性をそれぞれ表している。CO$_2$排出量を説明する回帰式のGDPやMj、Mk、S^{d}の対数を取ったレベル変数に対する回帰係数をグラフで示した図6-1、6-2、6-3を見よう。まず図6-1を見る。東部地域全体について各要因の1％上昇に対するCO$_2$排出量の増加率を示すCO$_2$排出弾力性が示されている。これをみると東部平均で、所得要因logGDPが0.2686、日本からの輸入要因logMjが-0.0794、韓国からの輸入要因logMkが0.0387、中国国内のR&D（研究開発費用）要因logSdが0.3062となっている。日本からの輸入がCO$_2$を減少さ

せるが、他はCO$_2$を増大させる。なかでも、R&D（研究開発費用）要因が0.3062と最も大きくCO$_2$を増大させる働きをしている。次に、所得要因logGDPが0.2686とかなり高い。定数項Cは-0.0618である。

各要因の弾力性を地域ごとにみると、東部においてlogGDPが1％上昇した場合、北京、河北、遼寧、江蘇、福建、山東、広東、海南地域のCO$_2$排出量は増加する。経済規模の増加とともに多くの地域でCO$_2$排出量も増加することが一目瞭然である。天津、上海、浙江地域はCO$_2$排出量が減少することがわかる。

日本からの輸入要因logMjの増加によって、河北地域においてCO$_2$排出量が減少する。減少する地域は日本からの輸入がその地域の経済活動を代替して、エネルギー消費を減少させ、環境改善に働いていることを示している。一方、北京、天津、上海、地域では日本からの輸入要因logMjの増加とともにCO$_2$排出量は逆に増加し、これらの地域における日本からの輸入がその地域の経済活動を拡大するなど補完的役割を果たし、CO$_2$排出量を増大させる働きをする傾向がみられる。

韓国からの輸入要因logMkが増加するとき、河北では地域の経済活動を拡大するなど補完的役割を果たし、CO$_2$排出量が増加する。すなわち、韓国からの輸入要因logMkがCO$_2$の増加に働くことを示している。

東部地域において中国国内のR&D（研究開発費用）要因logS^{d}の増加とともに北京のCO$_2$排出量を減少させるが、これ以外の天津、遼寧、福建、海南ではCO$_2$を増加させる結果となっている。つまり北京のR&D（研究開発費用）投資が環境改善に向かっているのに対し、天津、遼寧、上海、福建、海南のR&D（研究開発費用）投資は経済成長に向かっている。

各要因の東部地域のCO$_2$排出への影響の結果からみると、所得要因の増加はほぼCO$_2$排出量を増加させる原因となっている。日本・韓国からの輸入要因は大体において大きなCO$_2$排出量を減少させる要因となっていることが特徴である。一方、中国国内のR&D（研究開発費用）要因はCO$_2$排出量を増加させる傾向がみられる。これは、東部地域の経済発展が目覚ましく、R&D（研究開発費用）投資が経済成長を目指したものであり、環境改善を目的とするものでないことを表す。CO$_2$排出量を削減するための投資あるいは技術レベル（環境改善の

ストック）がまだまだ低い段階と言えよう。

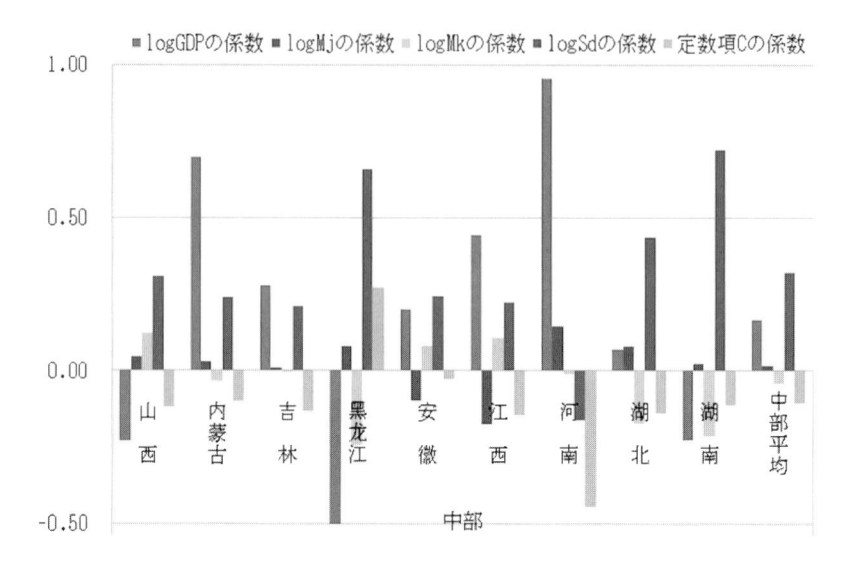

図6-2 中部地域の各要因のCO$_2$排出量弾力性係数

出所：表6-2より作成

次に中部地域をみると中部地域全体で各要因の1％増加当りのCO$_2$増加をみると、所得要因logGDPで0.1669％、日本からの輸入要因logMjで0.0156％、韓国からの輸入要因logMkで-0.0414％、中国国内のR&D（研究開発費用）要因logSdで0.3205％となる。中部地域の全体をまとめると中部地域では、経済発展とともにCO$_2$排出量の増加が0.1669％、と大きい。特に中国国内のR&D（研究開発費用）要因もCO$_2$排出を起こすので0.3205％と大きく増加させる傾向がみられる。

一方、日本・韓国からの輸入要因がCO$_2$排出量の増加にそれほど影響していないこともわかる。日本からの輸入は0.0156％増加させ、韓国からの輸入要因は逆にCO$_2$排出量は0.0414％を減少させている。

中部の地域別のCO$_2$排出量弾力性をみると所得要因logGDPが増加すると内モンゴル、江西、河南ではCO$_2$排出量が増加する。つまり、内モンゴル、江西、

河南でEKC曲線の右上り領域にあることが示唆される。日本からの輸入要因logMjが増加すると、安徽、江西地域ではCO_2排出量が減少となり、日本からの輸入が地域にとって代替的であるが、それ以外の地域では確定的なことは言えない。

また、韓国からの輸入要因logMkが増加すると黒竜江、湖北、湖南のCO_2排出量が減少となり、韓国からの輸入が地域にとって代替的である。他方、安徽、江西では増加となり、輸入が補完的となっている。地域全体としてもCO_2排出量が-0.0414%となり、減少傾向が顕著である。中部地域における中国国内のR&D（研究開発費用）要因$logS^d$の影響に関しては研究開発ストックの増加とともに内モンゴル、黒竜江、安徽、湖北でCO_2排出量が30%近く増加する。つまり中部地域のR&D（研究開発費用）投資は経済成長ためのもので、環境改善を目指していないといえる。

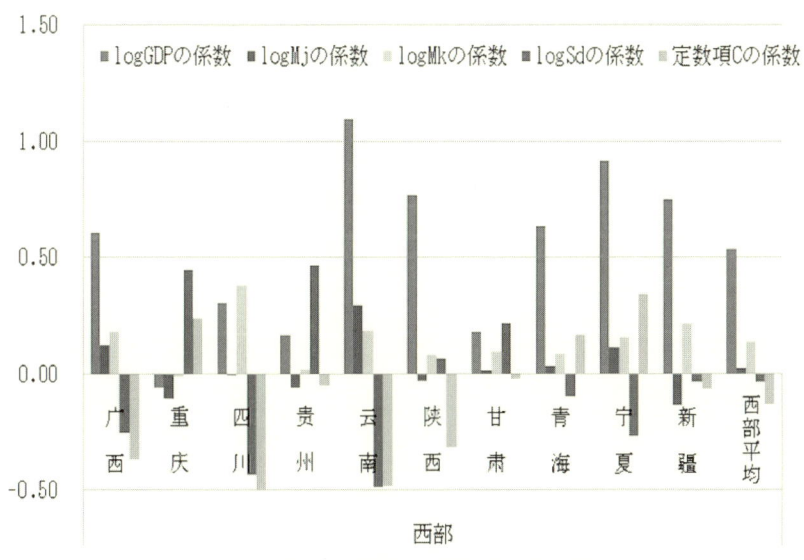

図6-3　西部地域の各要因のCO_2排出量弾力性係数

出所：表6-2より作成

最後に西部地域をみる。西部地域全体では各要因の１％上昇に対するCO_2

排出量の増加をみると、所得要因logGDPの1％増加が0.5359％、日本からの輸入要因logMj1％増加が0.0235％、韓国からの輸入要因logMk1％増加が0.1381％、中国国内のR&D（研究開発費用）要因logSdの1％増加が-0.0394％CO_2排出量を減少させる。

西部の地域別弾力性をみると所得要因logGDPが1％増加した時、広西、四川、雲南、陝西、甘粛、青海、寧夏、新疆とほとんどの地域は増加を示している。また、日本からの輸入要因logMjが1％増加すると、新疆（-0.1358）地域のCO_2排出量は減少する。他の地域では増加する。これ以外の地域では日本の輸入は地域経済にとってどちらかはっきりと言えない。韓国からの輸入要因logMkが1％増加するとき、広西、四川、雲南、甘粛、寧夏、新疆など多くの地域でCO_2排出量がすべて増加することがわかる。

西部地域は東部、中部地域と違って、中国国内のR&D（研究開発費用）要因logS^dが増加する時に、CO_2排出量は全体的に-0.0394％減少する。特に、四川でマイナスの影響が出る。これはR&D（研究開発費用）資本の増加は環境保護のために向けられて、CO_2排出量を減少させていることを示す。重慶、貴州、甘粛ではプラスの影響が出る。経済格差是正から見ると、西部地域の経済発展がまだ不十分であり、その産業構造も労働集約産業、農業などの産業から、重工業に向かう発展途上であって、またEKC曲線の右上がりの状況であって、GDPの増加と共にCO_2排出は増大させられる。R&D（研究開発費用）資本も環境改善的投資に重点的に向かわないために、CO_2排出量が減少しないことが示される。

第2節　CO_2排出量のその他の構造分析

6.2.1　エラーコレクションモデル（ECM）

Grangerの表現定理によれば、共和分の関係にある系列の組み合わせはエラーコレクションモデル（以下、ECM）として定式化できる。CO_2排出量とは具体的に（6-3）の開係にあるものを言う。

$$DC_t = \alpha + \beta EC_{t-1} + \delta_i DGDP_{t-1} + \phi_i DMj_{t-1} + \varphi_i DMk_{t-1} + \varepsilon_i DS^d_{t-1}$$

(6-3)

ここでCtはCO₂排出量、Ytは所得要因、Mjは日本からの輸入要因、Mkは韓国からの輸入要因、S^{d}は中国国内のR&D（研究開発費用）要因である。また、ECtは誤差修正項であり、共和分回帰によって求められた残差系列を代入することで得られる。

ECMモデルの有用性は、CO₂排出量の変動分（ΔCt）を過去の長期的な関係から明示的に定式化できる点にある。(6-3) 式に即して言えば、CO₂排出量の今期の変動幅を過去のCO₂排出量、所得、日本・韓国からの輸入要因とR&D（研究開発費用）要因の変動幅等から説明することができるということである。

表6-3は東部地域ECMモデルの推計結果である。そのCE1やCE*の係数の符号条件は天津、浙江、海南を除いてすべてマイナスであり、これは前期の長期的な関係（共和分関係）へ向けての短期的な不均衡の調整が行われていることを意味している。また、CE*は長期均衡共和分方程式にかかる調整係数である。

ECMモデルの推計結果について、まず東部地域をみると、北京では自由度調整済み決定係数は0.6151であり、1期前の自己ラグと所得要因logGDP、日本からの輸入要因logMj、韓国からの輸入要因logMk、中国国内研究開発費用logS^{d}が有意な係数となっている。そのうち中国国内研究開発費用logS^{d}の係数値は-2.369842であり、国内研究開発費用要因はCO₂排出量を削減する要因となっているが他の要因は係数がプラスであり、CO₂排出量を増加する要因として働いていることがわかる。

天津では1期前の自己ラグ、所得要因logGDPが有意な係数であり、CO₂排出要因が-0.852137であり、所得要因logGDPが-0.571949であり、CO₂排出量を削減する要因となっていることがわかる。河北では、中国国内研究開発費用logS^{d}の係数値は-0.694173であり、CO₂排出量を削減する要因となっている。

上海では日本からの輸入要因logMj、韓国からの輸入要因logMk、中国国内研究開発費用logS^{d}が有意な係数となり、韓国からの輸入要因logMkが-0.067106であり、CO₂排出量を削減する要因となっていることがわかる。江

蘇では1期前の自己ラグ、所得要因logGDP、中国国内研究開発費用要因logSdが有意な結果であり、所得要因logGDPが-0.461676であり、中国国内研究開発費用要因logSdが-0.564504であり、CO_2排出量を削減する要因となっていることがわかる。

広東では所得要因logGDP、中国国内研究開発費用要因$logS^d$が有意な結果であり、それぞれ-0.703059と-0.561116であり、CO_2排出量を削減する要因となっている。

表6-4は中部地域ECMモデルの推計結果である。山西では所得要因logGDP、日本からの輸入要因logMj、韓国からの輸入要因logMk、中国国内研究開発費用$logS^d$が有意な結果である。所得要因logGDPが-1.0808であり、韓国からの輸入要因logMkが-0.08407であり、中国国内研究開発費用$logS^d$が-1.15059であり、いずれもCO_2排出量を削減する要因となっていることがわかる。吉林では、韓国からの輸入要因logMkの係数値は-0.063914で有意であり、CO_2排出量を削減する要因となっている。

江西では1期前の自己ラグ、所得要因logGDP、韓国からの輸入要因logMkが有意な係数となり、所得要因logGDPが-0.80609であり、CO_2排出量を削減する要因となっていることがわかる。ただし、CO_2排出要因が0.465425であり、韓国からの輸入要因logMkが0.086177であり、CO_2排出量を増大する要因となっている。

河南では韓国からの輸入要因logMkが0.132286であり、有意な係数となるが、CO_2排出量を増大する要因となっている。

表6-5は西部地域ECMモデルの推計結果である。広西では、所得要因logGDPが-0.467403であり、CO_2排出量を削減する要因となっていることがわかる。四川では所得要因logGDPは-0.592585であり、CO_2排出量を削減する要因となっていることがわかる。

表6-3 東部地域ECMの推計結果

	CE1	CE2	CE3	CE4	CE*	DlogC(-1)	DlogGDP(-1)	DlogMJ(-1)	DlogMK(-1)	DLOGSD(-1)	C	Adj.R	Schwarz
北京	-0.8296 (-4.414)***					0.1363 (-0.8205)	0.452 (3.598)***	0.1637 (4.789)***	0.0099 (-0.863)	-2.3698 (-4.462)***	0.1134 (3.328)***	0.6151	-8.7829
天津	0.1795 -0.5191	0.7724 (4.220)***	-0.2211 (-1.967)	0.1136 (2.068)*	0.3481	-0.8521 (-1.922)*	-0.5719 (-3.254)***	0.0362 (-0.4706)	0.0097 (-0.2853)	0.7695 (-1.147)	0.0691 (-1.108)	0.687	-10.623
河北	-0.1932 (-1.39055)	-0.7531 (-2.457)**	0.0094 -0.1185		-0.68	-0.1039 (-0.3518)	0.162 (-0.6017)	-0.0177 (-0.369)	0.0489 (-0.7067)	-0.6942 (-1.933)*	0.1787 (3.126)***	0.7185	-7.9953
遼寧	-0.3643 (-0.96495)	0.1884 (-1.956)	0.0036 (0.0480)		-0.302	0.212 -0.6789	0.0514 -0.2819	-0.0294 (-0.3118)	-0.0059 (-0.246)	0.2726 -0.5636	-0.0068 (-0.07867)	0.253	-8.4967
上海	-1.2408 (-4.103)***	-0.518 (-3.101)***			-1.118	0.0425 -0.2162	0.1877 -1.3728	0.0549 (2.459)**	-0.0671 (-2.696)**	0.6601 (2.057338)*	-0.0623 (-1.06531)	0.6964	-10.561
江蘇	-0.5464 (-3.701)***	0.4457 (-1.5069)	-0.0711 (-1.247)	0.075 -1.0749	-0.274	0.5126 (2.815)**	-0.4617 (-2.491)**	0.1366 -1.6992	-0.029 (-0.660)	-0.5645 (-1.94555)*	0.1997 (2.648)**	0.6874	-7.4668
浙江	-1.1469 (-1.34319)	-3.418 (-2.567)**			0.5959	-0.1121 (-0.406)	0.6597 (-0.6483)	-0.5304 (-0.984)	0.4926 -1.6888	-0.933 (-0.35439)	0.217 (-0.3255)	0.5316	-4.3609
福建	-0.0754 (-0.26490)	0.0263 -0.1328			-0.07	0.2305 -0.7138	-0.4234 (-1.55725)	0.0897 -0.5772	-0.1297 (-0.731)	0.0789 -0.0933	0.1247 -1.0304	0.1146	-12.28
山東	-0.5794 (-2.542)**	-0.6396 (-1.474)	-0.1607 (-1.00)	-0.0269 (-0.559)	-0.669	0.222 -0.876	-0.0451 (-0.13687)	0.1145 -0.9995	0.0732 (-1.168)	-0.8765 (-1.04581)	0.2143 -1.2184	0.457	-8.4865
広東	-0.3587 (-3.710)***	0.1167 -1.4188	-0.0215 (-0.365)		-0.327	-0.0228 (-0.190)	-0.7031 (-5.481)***	-0.0209 (-0.41298)	-0.081 (-1.041)	-0.5611 (-2.279)**	0.2735 (4.293)***	0.7888	-4.014
海南	-0.6921 (-2.348)**	0.7406 -1.6603	0.2726 -1.4083		0.1418	0.2263 -0.7875	-0.2049 (-0.22045)	0.2033 -0.954	-0.3115 (-0.830)	-0.6937 (-1.02986)	0.2038 -1.1925	0.1571	-1.2087
合計	-0.5316	-0.2762	-0.0172	0.0147	-0.15	0.0447	-0.0816	0.0182	0.0009	-0.4465	0.1386		

出所：筆者作成

表6-4　中部地域ECMの推計結果

	CE1	CE2	CE3	CE4	CE*	DlogC(-1)	DlogGDP(-1)	DlogMJ(-1)	DlogMK(-1)	DLOGSD(-1)	C	Adj.R	Schwarz
山西	0.06305	0.13238	-0.07126	0.12551	0.0445	0.2079	-1.080813	0.106662	-0.084073	-1.1505	0.325091	0.8611	-5.1874
	-0.599	-0.8336	(-0.923)	(2.107)*		-1.75	(-4.014)***	(2.446)**	(-2.309)**	(-2.413)**	(3.912)***		
内蒙古	-0.02249					0.368	0.179234	0.011157	-0.007205	-0.503473	0.119217	0.3726	-0.787
	(-1.258)					-1.72	-1.1608	(-0.6185)	(-0.30295)	(-1.67870)	(2.244)**		
吉林	-0.245					0.1518	-0.201643	0.00993	-0.063914	1.0351	-0.023512	0.5691	-6.2156
	(-4.071)***					-0.9442	(-1.65419)	-0.5998	(-2.243)**	(3.485)***	(-0.95104)		
黒龍江	0.085	1.00212			-0.597	-0.054	-0.142244	0.004678	-0.045687	0.434083	-0.013849	0.2176	-6.6881
	-0.8498	-0.8098				(-0.187)	(-0.19642)	(-0.1012)	(-0.88311)	(-0.3352)	(-0.06082)		
安徽	0.74519	-0.22068	0.03774		0.6971	-0.714296	-0.165837	0.055145	-0.1847	0.152295	0.4075	-4.5478	
	(2.625)**	(-0.848)	-0.8579			(-1.266)	(-0.86453)	-1.2035	(-0.5436)	(2.16340)*			
江西	-0.62693	0.15348			-0.559	0.465	-0.80609	-0.010175	0.086177	0.8806	-0.057934	0.3635	-5.592
	(-3.052)***	(2.339)**				(2.132)*	(-2.403)**	(-0.210)	(2.546)**	-1.1225	-0.5518		
河南	-0.03469	0.04691	0.05817		0.0186	0.431	-0.361023	0.092275	0.132286	-0.3218	0.095712	0.1324	-5.1962
	-0.298	-0.2722	-0.6212			-1.6988	-1.4746	-0.6904	(1.8965)*	-0.336	-0.5404		
湖北	-0.17801	0.0686	-0.00991	0.0465	-0.182	0.0248	-0.533754	-0.008957	-0.040569	0.4458	0.051991	0.5114	-8.3618
	(-0.701)	-0.29894	(-0.133)	-0.4115		-0.0638	(-2.61261)	(-0.118)	(-0.5075)	-0.6117	-0.4692		
湖南	0.2551					0.1453	-0.918994	-0.137755	-0.036687	-1.8855	0.447365	0.2464	-1.9944
	(2.513)**					-0.584	(-2.236)**	(-1.39285)	(-0.94059)	(-1.45885)	(1.908)*		
平均	0.0046	0.1314	0.0016	0.0191	-0.064	0.114	-0.4479	0.0137	-0.0012	-0.1389	0.1218		

出所：筆者作成

表6-5　西部地域ECMの推計結果

	CE1	CE2	CE3	CE*	DlogC(-1)	DlogGDP(-1)	DlogMJ(-1)	DlogMK(-1)	DLOGSD(-1)	C	Adj.R	Schwarz
広西	-0.10166 (-2.154)**	-0.04267 (-0.358)		-0.128	0.1425 -0.5027	-0.467403 (-1.807)*	-0.0404 (-0.406)	0.132853 (2.117)*	0.015851 -0.0472	0.0879 (1.788)*	0.5961	-5.32
重慶	-0.09031 (-0.59)	-0.0365 (-0.464)		-0.088	-0.0652 (-0.184)	-0.139735 (-0.35573)	-0.027818 (-0.212)	0.023586 -0.3367	0.250992 -0.2596	0.0309 -0.1771	-0.353	-2.1749
四川	-0.73748 (-2.789)**	0.56219 (4.186)***	0.13438 (2.494)**	-0.568	0.021291 -0.08286	-0.592585 (-2.594)**	-0.0578 (-0.998)	-0.052825 (-0.663)	1.173708 (-0.6583)	-0.084 (-0.332)	0.5375	-2.3905
貴州	-0.07675 (-0.7096)				0.273201 -1.031	-0.400592 (-1.74390)	0.01202 -0.3465	-0.0152 (-0.21434)	-0.482376 (-0.97669)	0.153085 -1.7365	-0.026	-2.3572
雲南	-0.27491 (-0.756)	-1.5721 (-0.73640)	0.35527 -0.2993	-1.892	-0.257345 (-0.709)	1.796611 -0.5115	0.026153 -0.0361	0.095344 -0.3876	3.576231 -0.5502	-0.5008 (-0.618)	-0.321	-2.5473
陝西	-0.28787 (-3.531)***	0.3756 (4.677)***	0.01054 -0.0942	0.0003	-0.027817 (-0.1093)	-1.272213 (-4.403)***	-0.0224 (-0.329)	0.109503 (2.273)**	1.728974 (2.766)**	-0.1347 (-1.302)	0.7961	-7.8878
甘粛	-0.73573 (-1.240)	0.12635 -1.5532		-0.713	0.723469 -1.5356	-0.122241 (-1.00937)	-0.0131 (-0.608)	-0.01352 (-0.309)	0.521523 -0.5483	-0.019 (-0.212)	0.2945	-6.5962
青海	0.00577 -0.2485				-0.108623 (-0.364)	0.160853 -0.4813	-0.0269 (-0.843)	-0.013874 (-0.242)	0.202623 -0.3245	0.041 -0.3574	-0.286	-7.7498
寧夏	-0.31221 (-1.779)*				0.340641 -1.4342	-0.136209 (-0.37422)	-0.0465 (-1.033)	0.10178 (1.77366)*	-0.61759 (-0.99478)	0.133 -1.2791	0.231	-1.7693
新疆	0.23517 -0.9467	0.09434 -0.4928	0.00517 -0.13	0.3051	0.042987 -0.1498	-0.324796 (-2.03543)*	0.035716 -1.1233	0.045514 -0.798	-0.445472 (-1.05399)	0.13 (2.665)**	0.5726	-6.4252
平均	-0.2376	-0.0493	0.0505	-0.308	0.1085	-0.1498	-0.0161	0.0413	0.5924	-0.0162		

出所：筆者作成

第3節 中国各地域パネルデータの分析

この節では、中国の地域ごとにCO_2排出や削減の原因をみていくのでなく、中国を全体としてみて排出原因や削減の原因を検討しよう。これまでの地域別のデータを中国各地域のパネルデータとみて、個別効果モデルを30の地域の1990年から2010年までの20年間にわたるパネルデータを使って推定した。以下はプール化した固定効果モデルと変量効果モデルの結果を示す。
中国のCO_2排出のlogをとったものの階差は

$$D\log C = F(D\log GDP, D\log MJ, D\log Mk, D\log S^d)$$
$$= \beta_0 + \beta_1 D\log GDP + \beta_2 D\log Mj + \beta_3 D\log Mk + \beta_4 D\log S^d \quad (6\text{-}4)$$

という方程式で示されるとしょう、ここでDlogCは中国各地域CO_2排出、DlogGDPは中国各地域の国内総生産、DlogMjは日本からの輸入、DlogMkは韓国からの輸入、DlogS^{d}は中国国内研究開発費用である。

6.3.1 プールモデル

まずプールモデルの分析により次の事がわかる。つまり、中国各地域のデータをひとまとめにしたものを使って上の (6-4) の回帰式を推計する。

表6-6　プールモデルの推定結果

プールモデル	係数の値	係数の標準誤差	t値	有意度
β_0	-0.1669	0.0219	-7.6245	0.0000
DlogGDP	0.4735	0.0408	11.6042	0.0000
DlogM$_J$	-0.0148	0.0115	-1.2802	0.2009
DlogM$_K$	-0.0140	0.0115	-1.2141	0.2252
DlogS^d	0.2197	0.0253	8.6872	0.0000

出所：Eviewsにより作成

(6-4) 式では、DlogMjの日本からの輸入、DlogMkの韓国からの輸入によってDlogCという中国各地域CO_2排出がどのような影響をされるかをみることができる。表6-6には (6-4) 式の推定結果をまとめてある。DlogMkという韓国からの輸入と定数項（説明変数以外のCO_2排出に与える要因）が中国各地域CO_2排出にマイナス（つまりCO_2排出を削減する効果）の影響を持ち、ほかの符号はプラスである。DlogGDPの経済成長要因とDlogS^d中国国内研究開発費用の増加はCを増加させる。t値により、DlogGDP中国各地域の国内総生産、DlogS^d中国国内研究開発費用はプラスで95％有意であった。DlogGDPとDlogS^dはCにプラスの効果を持ち、DlogMjとDlogMkはCO_2排出に対しマイナスの効果を持つ。しかし、DlogMjもDlogMkも90％で有意でない。そこでプールしたモデルでなく、地域ごとに定数項が異なる個別効果モデルで分析をする。各地域の定数項Cの値が同一でなく、地域別に異なると仮定するのである。

6.3.2　固定効果モデル

$$D\log C = \beta_0 + \alpha_1 D_1 \text{（北京）} + \alpha_2 D_2 \text{（天津）} + \cdots + \alpha_{30} D_{30} \text{（新疆）} \\ + \beta_1 D\log GDP + \beta_2 D\log Mj + \beta_3 D\log Mk + \beta_4 D\log S^d$$

(6-5)

ここで、D1は北京は1、その他の地域では0となる地域ダミー、D2は天津は1、その他の地域は0となる地域ダミー・・・・。

個別効果モデルとしては、固定効果モデルと変量効果モデルの二つがある。その違いは、固定効果モデルでは定数項は各地域説明変数がDlogGDP、DlogMj、DlogMk、Dlogs^dと相関があると仮定しており、変量効果モデルでは定数項と説明変数の間に相関が見られないと仮定している。

プール分析が正しいかどうかを見るため帰無仮説を全ての地域ダミー変数の係数を0としてFテストを行った。Fテストの結果とまとめてみると、プールしたことによって、ダミー変数の係数$\alpha_1 = \alpha_2 = \cdots \alpha_{30} = 0$という帰無仮説が棄却される。したがって、ダミー変数を入れる必要があり、個別効果モデル（固定効果モデル・変量効果モデル）にして検証することが必要となる。

表6-7　固定効果モデル

固定効果モデル	係数の値	係数の標準誤差	t値	有意度
C	-0.273	0.0282	-9.69	0
DlogGDP	0.4336	0.0399	10.8664	0
DlogM$_J$	0.0493	0.0148	3.3377	0.0009
DlogM$_K$	-0.0245	0.012	-2.0458	0.0412
DlogS^d	0.1946	0.0268	7.2723	0

出所：Eviewsにより作成

表6-8　Fテスト

Fテスト	Effects Test	Statistic	d. f.	有意度
	Cross-section F	8.0853	-29,596.000	0.0000
	Cross-sectionChi-square	209.0057	29.000	0.0000

出所：Eviewsにより作成

6.3.3　固定効果モデル

　これからは固定効果モデルの係数について見ていく。表7-9をみると、定数項は-0.2730、DlogGDP係数は0.4336、DlogMj係数は0.0493で、GDPの増加や日本からの輸入の増加がCO_2排出を増大させる効果を持つことがわかる。DlogMk係数は-0.0245であり、CO_2排出を抑える効果がある。研究開発費用DlogS^{d}の係数は0.1946で、CO_2排出をを押し上げる。これは研究開発費用の増加がGDPを押し上げ、GDPの増加がCO_2排出を増大させるからであろう。一方、DlogMk韓国からの輸入が１単位増えるとGDPが減少するので、DlogCO_2排出が-0.0245減少するという削減効果を意味する。

表6-9　中国各地域パネルデータの分析

固定効果モデル	地域	係数の値	係数の標準誤差	t値	有意度
C		-0.2730	0.0282	-9.6900	0.0000
DlogGDP		0.4336	0.0399	10.8664	0.0000
DlogMJ		0.0493	0.0148	3.3377	0.0009
DlogMK		-0.0245	0.0120	-2.0458	0.0412
DlogSD		0.1946	0.0268	7.2723	0.0000
D1	北　京	-0.2099			
D2	天　津	-0.0953			
D3	河　北	0.0005			
D4	山　西	-0.0634			
D5	内蒙古	0.3759			
D6	遼　寧	-0.1199			
D7	吉　林	-0.0457			
D8	黒龙江	-0.0270			
D9	上　海	-0.2086			
D10	江　苏	-0.1982			
D11	浙　江	-0.0165			
D12	安　徽	-0.0462			
D13	福　建	0.1580			
D14	江　西	-0.1050			
D15	山　東	0.0021			
D16	河　南	0.0793			
D17	湖　北	-0.0789			
D18	湖　南	-0.1580			
D19	広　東	-0.1438			
D20	広　西	0.0229			
D21	海　南	0.1562			
D22	重　慶	-0.0863			
D23	四　川	-0.3857			
D24	貴　州	0.2021			
D25	雲　南	0.1835			
D26	陝　西	-0.0578			
D27	甘　肃	0.0340			
D28	青　海	0.2588			
D29	寧　夏	0.3816			
D30	新　疆	0.1916			

出所：Eviewsにより作成

次に固定効果（CO_2排出に与える影響のうち、各地域のGDP、日本・韓国からの輸入、中国国内研究開発費用以外の地域要因）をみる。地域ダミー変数の係数値を見るとプラスの係数値では寧夏が一番高く0.38155である。次に内モンゴル0.3759、青海0.2588、貴州0.2021、新疆0.1915など13地域の順番に並んでいる。

一方、マイナス係数値の地域は四川-0.3857が最も低く、次に、北京-0.2099、上海-0.2086、江蘇-0.1982など17の地域となっている。地域ダミー変数の係数値がプラスの地域では、ここに取上げたDlogGDP中国各地域の国内総生産、DlogMj日本からの輸入、DlogMk韓国からの輸入、DlogS^{d}中国国内研究開発費用以外の他の要因がCO_2排出を平均以上に押し上げていることを示す。これはそれらの地域の産業構造や政策の環境に対する影響度が汚染増大的であること、環境に対する意識などが低いことが予想される。

逆に、地域ダミーの係数値がマイナスの値を示す地域はここに取り上げた要因以外の環境改善に対する要因が進行していて、平均以下のCO_2排出になっていることを示す。なかでも-0.2以上に低い北京、上海、江蘇、四川は産業構造や経済政策をを通じて環境対策が著しく進んでいる地域である。続いて経済発展が著しい遼寧、江西、湖南、広東もかなり環境対策の進行がある地域と見られる。表6-7と表6-9によって、GDPの増加はCO_2排出を大きく増大させる。表6-9の個別効果で見ると各地域をみると沿海地域の北京、上海、江蘇、広東などの沿海地域の係数値がマイナスであり、内陸地域の寧夏、内モンゴル、青海、新疆、雲南などの地域の係数値がプラスである。また、DlogS^{d}中国国内研究開発費用のCO_2排出へのプラス影響がある。

6.3.4 変量効果モデル

次に、中国各地域のパネルデータを用いて、変量効果モを30の地域の1990年から2010年までの20年間にわたるパネルデータを使って推定した。以下は変量効果モデルの結果を示す。

$$D\log C = F(D\log GDP, D\log MJ, D\log Mk, D\log S^d)$$
$$= \beta_0 + \alpha_1 D_1 \text{（北京）} + \alpha_2 D_2 \text{（天津）} + \cdots + \alpha_{30} D_{30} \text{（新疆）}$$
$$+ \beta_1 D\log GDP + \beta_2 D\log Mj + \beta_3 D\log Mk + \beta_4 D\log S^d$$

(6-6)

ただし変量効果モデルは、DlogGDPは中国各地域の国内総生産、DlogMjは日本からの輸入、DlogMkは韓国からの輸入、$D\log s^d$は中国国内研究開発費用がCや$\alpha_1 \cdots \alpha_{30}$のダミー変数の係数への相関を持たないと仮定したモデルである。

表6-10 変量効果モデル

変量効果モデル	係数の値	係数の標準誤差	t値	有意度
β_0	-0.2241	0.0339	-6.6171	0
DlogGDP	0.4476	0.0391	11.4433	0
DlogMJ	0.0239	0.013	1.8448	0.0655
DlogMK	-0.0273	0.0115	-2.3661	0.0183
$D\log S^d$	0.2141	0.0254	8.427	0

出所:Eviewsにより作成

表6-10より、DlogMjの日本からの輸入はプラス効果を持ち10％水準有意、DlogMkの韓国からの輸入はDlogCという中国各地域CO_2排出にマイナスの影響さを与えて５％水準有意であることがわかる。DlogGDP中国各地域の国内総生産、$D\log s^d$中国国内研究開発費用はいずれもプラス効果を持ち５％水準で有意であった。

全体的にDlogMk韓国からの輸入が１％増えるとDlogC CO_2排出が-0.02241％減少するという削減効果があることを意味する。表6-11により地域ダミー変数の係数値を見るとプラスの値の地域では内モンゴルが最も高く0.2967である。

表6-11 中国各地域変量効果モデル

変量効果モデル	地域	係数の値	係数の標準誤差	t値	有意度
C		-0.2241	0.0339	-6.6171	0.0000
DlogGDP		0.4476	0.0391	11.4433	0.0000
DlogMJ		0.0239	0.0130	1.8448	0.0655
DlogMK		-0.0273	0.0115	-2.3661	0.0183
DlogSD		0.2141	0.0254	8.4270	0.0000
D1	北　京	-0.1356			
D2	天　津	-0.0311			
D3	河　北	-0.0033			
D4	山　西	-0.0954			
D5	内蒙古	0.2967			
D6	辽　宁	-0.0509			
D7	吉　林	-0.0316			
D8	黑龙江	-0.0333			
D9	上　海	-0.1073			
D10	江　苏	-0.1080			
D11	浙　江	0.0204			
D12	安　徽	-0.0414			
D13	福　建	0.1830			
D14	江　西	-0.1169			
D15	山　东	0.0421			
D16	河　南	0.0549			
D17	湖　北	-0.0666			
D18	湖　南	-0.1474			
D19	广　东	-0.0496			
D20	广　西	-0.0038			
D21	海　南	0.1308			
D22	重　庆	-0.0684			
D23	四　川	-0.3247			
D24	贵　州	0.1228			
D25	云　南	0.1282			
D26	陕　西	-0.0603			
D27	甘　肃	-0.0215			
D28	青　海	0.1317			
D29	宁　夏	0.2665			
D30	新　疆	0.1200			

出所：Eviewsにより作成

次に寧夏0.2665、福建0.1830、海南0.1308、雲南0.1282など11地域の順にプラスが並んでいる。一方、マイナスの係数値が四川-0.3247、湖南-0.1474、北京-0.1356、江西-0.1169など19の地域となっている。ダミー変数がプラスの地域は、ここに取上げたGDP、日本・韓国からの輸入、中国国内研究開発費用の以外の要因がCO_2排出を平均以上に押し上げていることを示す。これはそれらの地域の環境へ悪影響を与える社会の要因が働いていることがわかる。特に内モンゴル地域の産業構造を見ると汚染を増大させる採鉱業などが集中していて、これでCO_2排出に悪い影響をしていることがわかる。

次に、ダミー変数の係数がマイナスの地域は汚染の少ない産業構造や環境に対する良い影響を与える要因（たとえば政府による環境対策など）が進行していて、平均以下のCO_2排出になっていることを示す。

なかでも-0.1以上に低い北京、上海、江蘇、江西、湖南、四川は産業構造がCO_2排出を減少させる方向への変化などの環境対策が進んでいる地域である。続いて経済発展が著しい遼寧、湖北、広東、重慶もかなりCO_2削減対策が進行している地域と見られる。表6-11によって、GDPの増加はCO_2排出を大きく増大させる。

Hausman検定はパネルデータ分析において固定効果モデルと変量 (Random) 効果モデルのいずれかが適切であるかを判断するテストである。帰無仮説、α_1、α_2、・・・α_{30}とDlogGDP、DlogMj、DlogMk、Dlogs^{d}の説明変数が独立かどうかを検定したところ、1％水準で棄却される。表7-12の検証結果によって、この節では固定効果モデルと変量効果モデルの結果を比較した上で、帰無仮説が棄却されて固定効果モデルが採択されることがわかる。

最後にわれわれの結果と、Eunho Choi, Almas Heshmati and Yongsung Cho (2010) の結果を比べてみよう。韓国の場合には、単位根検定の結果は、CO_2のt値が-1.9837であることを示している。したがって、非定常性の帰無仮説は棄却できない。

表6-12　Hausman検定について

Test cross-section random effects				
Test Summary	Chi-Sq. Statistic	Chi-Sq. d.f.		Prob.
Cross-section random	13.381898	4		0.0096

Cross-section random effects test Comparisons:

Variable	Fixed	Random	Var(Diff.)	Prob.
$\log GDP$	0.433605	0.447595	0.00062	0.0765
$\log M_J$	0.0493	0.023939	0.00005	0.0003
$\log M_K$	-0.024454	-0.027273	0.00001	0.3733
$\log S^d$	0.194562	0.214112	0.00007	0.0196

Total panel (balanced) observations: 630

Variable	Coefficient	Std. Error	t-Statistic	Prob.
C	-0.273	0.0282	-9.69	0
$\log GDP$	0.4336	0.0399	10.8664	0
$\log M_J$	0.0493	0.0148	3.3377	0.0009
$\log M_K$	-0.0245	0.012	-2.0458	0.0412
$\log S^d$	0.1946	0.0268	7.2723	0

出所：Eviewsにより作成

第7章　日中韓の貿易動向の分析

はじめに

　本章は一国の経済の中で大きな比重を占める貿易に焦点を当てる。貿易活動は人類の経済活動の一環である。貿易は、経済活動に関わる環境に対しても大きな影響を与える。とくに貿易量と中国に隣接するの日本・韓国からの輸入量が中国の環境に影響を与えていることから、東アジアの持続可能性を分析するに当り日中韓の貿易量の分析は極めて重要な意義がある。

　まず、第一に貿易の過程で発生する汚染や、輸出され消費される貿易資源の問題がある。他方で東アジアにおける日中韓経済の高い経済成長の要因としての飛躍的に拡大を続ける貿易は東アジア地域、特に中国で進行しつつある環境悪化の急速な進行をもたらし、中国の環境保護政策と環境ビジネスをの発展を必要としている。

　東アジアの中では日本の環境政策、および環境ビジネスが先頭を走っている。しかし、自然環境に国境はない。偏西風に乗って中国発の大気汚染物質が黄砂とともに韓国、日本まで達している。環境対策は一国の枠内だけでは解決されない。東アジア地域で中心となる日中韓の経済面・環境面での相互依存関係が進む状況の下で、貧困撲滅や環境汚染の克服、グローバルレベルの気候変動問題の連関性を念頭に置きつつ、持続可能な発展を実現するための環境政策が必要である。環境を保全する制度、地域間国際協力のあり方を考察し、検討することが重要になる。本書はこの問題へのアプローチを目的する。

まず、本章ではこの貿易活動について三国間輸出入動向と貿易構造を輸出入関数によって分析する。これを通じて日中韓間の持続可能性を経済的な手法で解決する方法を探ることができると考えている。そこで、日本・中国・韓国の輸出入関数を推計し、各国の輸出や輸入の所得弾力性と価格弾力性を求めて、貿易連関モデルを作成する。

第1節　中国の対日本・韓国の貿易動向

表7-1-1　中国対日本、中国対韓国の輸出入貿易金額の推移

単位	対日本			対韓国		
億ドル	輸出	輸入	輸出入総額	輸出	輸入	輸出入総額
1995	284.63	290.05	574.67	66.89	102.93	169.83
1996	308.86	291.81	600.67	75.00	124.82	199.81
1997	318.20	289.93	608.13	91.16	149.29	240.45
1998	296.60	282.75	579.35	62.52	150.14	212.66
1999	324.11	339.50	661.74	78.08	172.26	250.34
2000	416.54	415.10	831.64	112.92	232.07	345.00
2001	449.58	427.97	877.54	125.21	233.89	359.10
2002	484.34	534.66	1019.00	155.35	285.68	441.03
2003	594.09	741.48	1335.57	200.95	431.28	632.23
2004	735.09	943.27	1678.36	278.12	622.34	900.46
2005	839.86	1004.08	1843.94	351.08	768.20	1119.28
2006	916.23	1156.73	2072.95	445.22	897.24	1342.46
2007	1020.09	1339.42	2359.51	560.99	1037.52	1598.51
2008	1161.32	1506.00	2667.32	739.32	1121.38	1860.70

出所：『中国商業年鑑』1997-2009より作成

表7-1-1は中国国家統計局が発表した国際貿易データをもとに、筆者が統計した中国対日本、中国対韓国の輸出入貿易金額の推移である。80年代以降、日中韓の経済的つながりは緊密性を増し、貿易依存度も高まっている。更に重要なのは、3カ国の貿易額が急激な伸びをみせていることだ。中国国家統計局の資料によると、日中韓の貿易額は現在、北東アジアの貿易総額の中の80％、直接投資は地域内投資総額の中の70％を占めている。

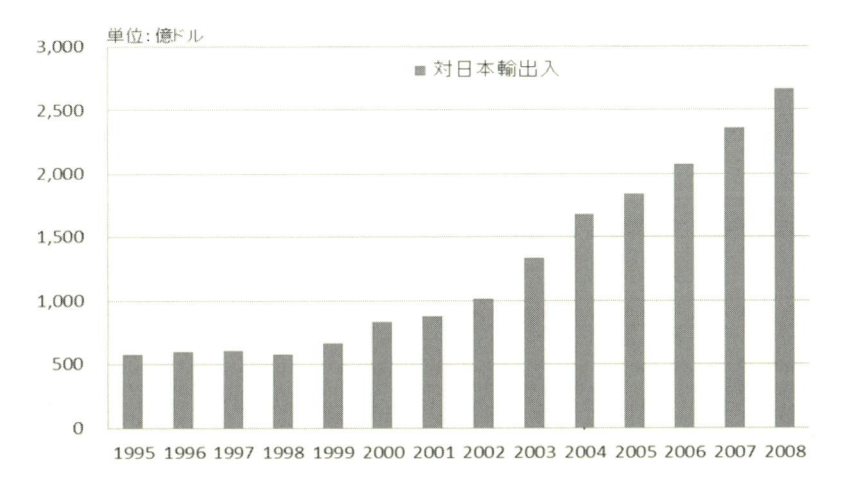

図7-1-1　1995〜2008年中国対日本輸出入の推移

出所：表7-1-1より作成

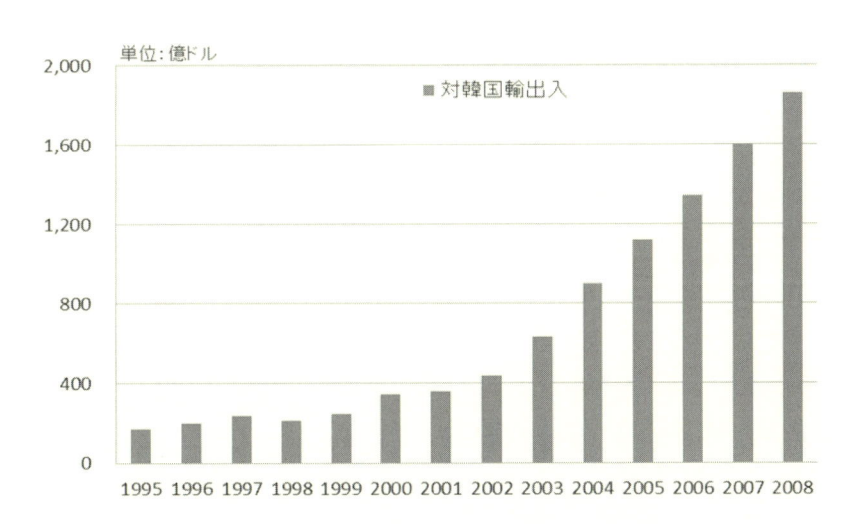

図7-1-2　1995〜2008年中国対韓国輸出入の推移

出所：表7-1-1より作成

　図7-1-1、図7-1-2は表7-1-1のデータをもとに作った中国対日本・韓国の貿易推移のグラフである。図7-1-1、図7-1-2の通り1995年時点の中国対日本・韓国の貿易総額がそれぞれ574.67億ドルと169.83億ドルであり、日本・韓国

の貿易総額は中国の国際貿易総額に占める割合がそれぞれ20％と6％である。2008年になる日本・韓国の貿易総額は中国の貿易総額に占める割合がそれぞれ10.4％と7.3％となる。対日本の貿易総額の対中国貿易総額の占める割合は一見して減少したように見えるが、その貿易額は着実に増えていることがわかる。図7-1-1を見ると2008年の中国の対日本の貿易総額が2667.32億ドルであり、1995年両国貿易総額の約4.6倍である。一方図7-1-2で確認できるように2008年中国対韓国の貿易総額が1860.7億ドルまで増え、1995年の11倍である。

　1995年から2008年までの14年間で、対日本の輸出額が当初の2846.3億ドルから1161.32億ドルまで約4.1倍増えて、14年間の平均増加率が12％である。日本からの輸入額は290.05億ドルから1506億ドルまで約5.2倍も増えた。この輸入額は年間平均で14％の増加率で両国は貿易を拡大しているが、日本から中国への輸出額が輸入額を超えた。一方中国の対韓国の輸出額が1995年のわずか66.89億ドルから739.32億ドルまで、約11.1倍増えた。韓国は日本と同様に中国への輸出額が輸入額を大きく超えている。その輸入額も1995年の102.93億ドルから2008年の1121.32億ドルまで、約11倍も増大した。

第2節　輸出入関数推計の先行研究とモデルの選択について

　前節の中国の日本・韓国との輸出・輸入の拡大状況の検討に続いて、この節では我々は輸出入関数の推計による日中韓三国の貿易構造を明らかにする方法について述べる。これまで輸出入関数の推計は経済活動の国と国家間の相互依存、関税、為替レートの変更などの影響を分析することで行われた。このような方法で、多くの研究成果と計量分析が行われてきた。

　佐々波・浜口・千田は輸出入関数の選択について、基本的に以下の選択基準をあげている[21]。

---

[21] 佐々波陽子・浜口　登・千田亮吉（1988）『貿易調整のメカニズム　輸出入のミクロ的基礎』文真堂

論理的整合性

適応可能領域

フレキシビリティー

計算の容易さ

経験的整合性

　このような考え方に従って、本章ではトランスログ型関数を利用し、日本・中国・韓国の輸出入関数を推計し、貿易モデルを作成する。

7.2.1 輸出入関数の推計におけるトランスログ型関数の利点

　まずトランスログ型関数について説明する。説明変数をx_1、x_2、... x_n、被説明変数をyとして、ある任意の対数関数

$$\ln y = f(\ln x_1, \ln x_2, \ldots, \ln x_n) \tag{7.2.1}$$

を$x_i = 1$（i = 1,....., n)の近傍でテイラー展開すると

$$\ln y = \ln f(0, 0, \ldots, 0) + \sum \frac{\partial f(0)}{\partial \ln x_i \ln x_j} \ln x_i + \frac{1}{2} \sum \sum \frac{\partial^2 f(0)}{\partial \ln x_i \partial \ln x_j} \ln x_i \ln x_j + \cdots \tag{7.2.2}$$

と表せる。ここで$x_i = 1$（i = 1,....., n)つまり
$\ln x_i = 0 (i=1\ldots n)$における偏微分係数を

$$\frac{\partial f(0)}{\partial \ln x_i} = b_i, \qquad \frac{\partial^2 f(0)}{\partial \ln x_i \partial \ln x_j} = b_{ij}, \qquad \ln f(0) = \alpha_0$$

とおくと、その近傍で3階以上の項を省略して (7.2.2) 式は

$$\ln y = \alpha_0 + \sum b_i \ln x_i + \frac{1}{2} \sum \sum b_{ij} \ln x_i \ln x_j \tag{7.2.3}$$

となる。

　3階以上の項を省略すると、右辺は周知のように消費者理論あるいは生産者理論で求めようとする自己弾力性、交差弾力性などほとんどが効用関数や生産関数の1階あるいは2階の導関数である。また、2回微分可能であることから、$b_{ij} = b_{ji}$も成り立つ。

　トランスログ型生産関数は資本、労働、エネルギー等の各種生産要素間の代替・補完関係を分析するのに多く使われている。その利点は従来のCobb-Douglas型あるいはCES型の生産関数と比較して、生産要素間の代替弾力性、価格弾力性が先に固定されているのではなく、モデル分析の中で任意に求められるという点である。これは特に実証分析におけるトランスログ型生産関数のユニークな特徴である。

　ここで関連する先行研究について述べておく。1970年代にL. R Christensen, Jorgenson Lawrence and J. Lauはトランスログ型生産関数 (transcendental logarithmic production functions)[22]を提案した。トランスログ型生産関数の特色は生産要素の対数形に関して2次の項までを含む（利潤最大化の2階の条件）点と上で述べたように従来のCobb-Douglas型あるいはCES型の生産関数と比較して、生産要素間の代替弾力性、価格弾力性が先に固定されているのではなく、モデル分析の中で任意に求められるという点である。

　トランスログ利潤関数を輸出入関数の推計へと応用した例はKohli (1978)[23]の研究である。この中で技術は制約付き利潤関数で表される。Kohliは本源的生産要素が労働と資本であるとして、生産要素の供給は固定されていると仮定する。この固定性ゆえに「制約付き」利潤関数と呼ばれる。この利潤関数は別名GNP関数とも呼ばれる。

　Kohliのモデルでは、労働と資本以外に輸入が（可変）インプットであり、アウトプットとしては消費財と投資財と輸出がある。輸入M、輸出E、消費財C、投資財Iの価格は外生変数である。輸出と輸入は全ての財・生産要素市場が完

---

[22] The Review of Economics and Statistics, Volume 55, Issue 1 (Feb, 1973), 28-45
[23] Kohli, U. R. (1978) "A Gross National Product Function and the Derived Demand forImports and Supply of Exports" Canadlan journal of Economies, Vol. 11, No. 2, May, pp. 167-82.

全競争的な状況下で利潤最大化を目指す企業によって行われると仮定される。

したがって、Kohliのモデルでは、トランスログ利潤関数は：

$$\pi(P; x) = \max \{ \sum p_i y_i : (x, y) \in Y \} \tag{7.2.4}$$

と定義される。

ここでP_iはi財の価格（消費財価格、投資財価格、日本・韓国・その他の国からの輸入財価格、日本・韓国・その他の国からの輸出財価格）、x_iは第i本源的生産要素賦存量（労働、資本）、y_iは第i財の数量（消費財の量、投資財の量、日本・韓国・その他の国からの輸入財の量、日本・韓国・その他の国からの輸出財の量）、Yは生産可能性集合である。

この関数$\pi(P; x)$は固定投入数量に関して一次同次、単調増加、かつ凹、可変数量の価格に関して一次同次、かつ凹、輸入価格に関しては単調減少、アウトプット価格に関しては単調増加と仮定する。GNP（我々はGDP）関数から輸入需要関数と輸出供給関数が導出できる。同時に、消費財と投資財の供給関数及び労働と資本に対する逆需要関数も導出される。

この利潤関数$\pi(P; x)$が微分可能であれば、可変数量の需要・供給関数は利潤関数の偏微分によって与えられる。
トランスログ利潤関数を特定化すれば、次のように表せる。

$$\ln \pi = \alpha_0 + \sum_i \alpha_i \ln p_i + \sum_j \beta_j \ln x_j + \frac{1}{2} \sum_i \sum_h \gamma_{ih} \ln p_j \ln p_h$$

$$+ \sum_i \sum_j \delta_{ij} \ln p_i \ln x_j + \frac{1}{2} \sum_j \sum_k \phi_{jk} \ln x_j \ln x_k \tag{7.2.5}$$

ただし、
i, h = C, I, X, M ; j, k = K, L
M：輸入財

X：輸出財
C：消費財
I：投資財
L：労働
K：資本

また、対称性条件から

$$\gamma_{ih} = \gamma_{hi} \quad , \quad \phi_{jk} = \phi_{kj}$$

本源的生産要素に関する1次同時性から

$$\sum_j \beta_j = 1 \quad , \quad \sum_j \phi_{jk} = 0 \quad , \quad \sum_j \delta_{ij} = 0$$

財価格にかんする1次同次性から

$$\sum_i \alpha_i = 1 \quad , \quad \sum_i \gamma_{ik} = 0 \quad , \quad \sum_i \delta_{ij} = 0$$

という制約が課せられる。パラメータの数はα_0を入れて、計44個である。そして、利潤関数をP_iに関して対数偏微分すれば、C、I、Eの供給関数及びMの需要関数が得られ、

$$\begin{aligned}
v_i = (p_i y_i / \pi) &= (\partial \ln \pi / \partial \ln p_i) \\
&= \alpha_i + \sum \gamma_{ih} \ln p_h + \sum \delta_{ij} \ln p_i \ln x_j
\end{aligned} \tag{7.2.6}$$

となる。ただし、$v_i = p_i y_i / \pi$はGDPに占める第i財の量の比率である。

対数をとった利潤関数をx_jに関して対数偏微分すれば、KとLのGDPに対する比率でみた需要関数が得られる。

$$\begin{aligned}
u_j = (p_j x_j / \pi) &= (\partial \ln \pi / \partial \ln x_j) \\
&= \beta_j + \sum \delta_{ij} \ln p_i + \sum \phi_{jk} \ln x_k
\end{aligned} \tag{7.2.7}$$

$u_j = p_j x_j / \pi$は第j要素の所得分配率である。利潤関数が価格に関して一次同次だから$\Sigma v_i =1$、利潤関数は要素投入に関して一次同次だから$\Sigma u_j =1$であ

る。v_iは各財の生産額がGDPに占めるシェア、u_jは各生産要素への分配額がGDPに占める要素比率である。

ただし、財M、X、C、I、について4個、生産要素L、Kの2個の変数をもつモデルでは4本のv_i関数のうち1本、2本のu_j関数のうち1本を推定式から外す必要がある。これは、GDPの恒等式$\pi = C + I + X - M$より$v_c = 1 - v_I - v_X - v_M$として求められるからである。同様に収穫一定の仮定よりu_Lも$u_L = 1 - u_K$で計算できる。こうして一般的に生産物の数だけのv_iと生産要素の数だけのu_jがある。しかし収穫一定の仮定するかぎり、v_iとu_jのうち1つは他のv_iとu_jから独立でないから、v_iとu_jのうち1つずつを推定式から外す必要がある。また、どの式を外しても理論的には無差別である。したがって、推定式が計4本となる。

$$p_m y_m / \pi = \alpha_M + \gamma_{MM} \ln(p_M / p_C) + \gamma_{MX} \ln(p_X / p_C) + \gamma_{MI} \ln(p_I / p_C) + \delta_{ML} \ln(X_L / X_K) + \delta_{Mt} t + v_M$$

$$p_X y_X / \pi = \alpha_X + \gamma_{MX} \ln(p_M / p_C) + \gamma_{XX} \ln(p_X / p_C) + \gamma_{XI} \ln(p_I / p_C) + \delta_{XL} \ln(X_L / X_K) + \delta_{Xt} t + v_X$$

$$p_I y_I / \pi = \alpha_I + \gamma_{MI} \ln(p_M / p_C) + \gamma_{MI} \ln(p_X / p_C) + \gamma_{II} \ln(p_I / p_C) + \delta_{IL} \ln(X_L / X_K) + \delta_{It} t + v_i$$

$$W_L W_L / \pi = \beta_L + \delta_{ML} \ln(p_M / p_C) + \delta_{XL} \ln(p_X / p_C) + \delta_{IL} \ln(p_I / p_C) + \phi_{LL} \ln(X_L / X_K) + \delta_{Lt} t + v_l$$

ここで、輸出、輸入を対日本、対韓国、対その他の国と3種類に種類分けした場合、E_j、E_k、E_r、M_j、M_k、M_rという変数が現れるので、利潤関数の推定式は

$$\ln \pi = \alpha_0 + \alpha_c \ln p_c + \alpha_i \ln p_i + \alpha_{ej} \ln p_{ej} + \alpha_{ek} \ln p_{ek} + \alpha_{er} \ln p_{er}$$

$$+ \alpha_{mj} \ln p_{mj} + \alpha_{mk} \ln p_{mk} + \alpha_{mr} \ln p_{mr} + \beta_l \ln l + \beta_k \ln k$$

$$+ \tfrac{1}{2} \, [\, \gamma_{cc} \ln p_c \ln p_c + \gamma_{ci} \ln p_c \ln p_i$$
$$+ (\gamma_{cej} \ln p_c \ln p_{ej} + \gamma_{cek} \ln p_c \ln p_{ek} + \gamma_{cer} \ln p_c \ln p_{er})$$
$$+ (\gamma_{cmj} \ln p_c \ln p_{mj} + \gamma_{cmk} \ln p_c \ln p_{mk} + \gamma_{cmr} \ln p_c \ln p_{mr})$$

$$+ \gamma_{ic} \ln p_i \ln p_c + \gamma_{ii} \ln p_i \ln p_i$$
$$+ (\gamma_{iej} \ln p_i \ln p_{ej} + \gamma_{iek} \ln p_i \ln p_{ek} + \gamma_{ier} \ln p_i \ln p_{er})$$
$$+ (\gamma_{imj} \ln p_i \ln p_{mj} + \gamma_{imk} \ln p_i \ln p_{mk} + \gamma_{imr} \ln p_i \ln p_{mr})$$
$$+ (\gamma_{ejc} \ln p_{ej} \ln p_c + \gamma_{ekc} \ln p_{ek} \ln p_c + \gamma_{erc} \ln p_{er} \ln p_c)$$
$$+ (\gamma_{eji} \ln p_{ej} \ln p_i + \gamma_{eki} \ln p_{ek} \ln p_i + \gamma_{eri} \ln p_{er} \ln p_i)$$

$$+ (\gamma_{ejej} \ln p_{ej} \ln p_{ej} + \gamma_{ekek} \ln p_{ek} \ln p_{ek} + \gamma_{erer} \ln p_{er} \ln p_{er})$$
$$+ (\gamma_{ejek} \ln p_{ej} \ln p_{ek} + \gamma_{eker} \ln p_{ek} \ln p_{er} + \gamma_{erej} \ln p_{er} \ln p_{ej})$$
$$+ (\gamma_{ejer} \ln p_{ej} \ln p_{er} + \gamma_{ekej} \ln p_{ek} \ln p_{ej} + \gamma_{erek} \ln p_{er} \ln p_{ek})$$

$$+ (\gamma_{ejmj} \ln p_{ej} \ln p_{mj} + \gamma_{ekmk} \ln p_{ek} \ln p_{mk} + \gamma_{ermr} \ln p_{er} \ln p_{mr})$$
$$+ (\gamma_{ejmk} \ln p_{ej} \ln p_{mk} + \gamma_{ekmr} \ln p_{ek} \ln p_{mr} + \gamma_{ermj} \ln p_{er} \ln p_{mj})$$
$$+ (\gamma_{ejmr} \ln p_{ej} \ln p_{mr} + \gamma_{ekmj} \ln p_{ek} \ln p_{mj} + \gamma_{ermk} \ln p_{er} \ln p_{mk})$$

$$+ (\gamma_{mjc} \ln p_{mj} \ln p_c + \gamma_{mkc} \ln p_{mk} \ln p_c + \gamma_{mrc} \ln p_{mr} \ln p_c)$$
$$+ (\gamma_{mji} \ln p_{mj} \ln p_i + \gamma_{mki} \ln p_{mk} \ln p_i + \gamma_{mri} \ln p_{mr} \ln p_i)$$

$$+ (\gamma_{mjej} \ln p_{mj} \ln p_{ej} + \gamma_{mkek} \ln p_{mk} \ln p_{ek} + \gamma_{mrer} \ln p_{mr} \ln p_{er})$$
$$+ (\gamma_{mjek} \ln p_{mj} \ln p_{ek} + \gamma_{mker} \ln p_{mk} \ln p_{er} + \gamma_{mrej} \ln p_{mr} \ln p_{ej})$$
$$+ (\gamma_{mjer} \ln p_{mj} \ln p_{er} + \gamma_{mkej} \ln p_{mk} \ln p_{ej} + \gamma_{mrek} \ln p_{mr} \ln p_{ek})$$

$$+ (\gamma_{mjmj} \ln p_{mj} \ln p_{mj} + \gamma_{mkmk} \ln p_{mk} \ln p_{mk} + \gamma_{mrmr} \ln p_{mr} \ln p_{mr})$$
$$+ (\gamma_{mjmk} \ln p_{mj} \ln p_{mk} + \gamma_{mkmr} \ln p_{mk} \ln p_{mr} + \gamma_{mrmj} \ln p_{mr} \ln p_{mj})$$

$$+ (\gamma_{mjmr} \ln p_{mj} \ln p_{mr} + \gamma_{mkmj} \ln p_{mk} \ln p_{mj} + \gamma_{mrmk} \ln p_{mr} \ln p_{mk})]$$

$$+ [(\delta_{cl} \ln p_c \ln l + \delta_{ck} \ln p_c \ln k) + (\delta_{il} \ln p_i \ln l + \delta_{ik} \ln p_i \ln k)$$
$$+ (\delta_{mjl} \ln p_{mj} \ln l + \delta_{mjk} \ln p_{mj} \ln k) + (\delta_{mkl} \ln p_{mk} \ln l + \delta_{mkk} \ln p_{mk} \ln k)$$
$$+ (\delta_{mrl} \ln p_{mr} \ln l + \delta_{mrk} \ln p_{mr} \ln k) + (\delta_{ejl} \ln p_{ej} \ln l + \delta_{ejk} \ln p_{ej} \ln k)$$
$$+ (\delta_{ekl} \ln p_{ek} \ln l + \delta_{ekk} \ln p_{ek} \ln k) + (\delta_{erl} \ln p_{er} \ln l + \delta_{erk} \ln p_{er} \ln k)]$$
$$+ \tfrac{1}{2}(\phi_{ll} \ln l \ln l + \phi_{lk} \ln l \ln k + \phi_{kl} \ln k \ln l + \phi_{kk} \ln k \ln k) \qquad (7.2.9)$$

である。

さらに利潤関数をp_c、p_i、p_{ej}、p_{ek}、p_{er}、p_{mj}、p_{mk}、p_{mr}に関して対数偏微分すれば、C、I、E (E_j, E_k, E_r) の供給関数及びM (M_j, M_k, M_r) の需要関数が得られる。

$$v_i = (p_i y_i / \pi) = (\partial \ln \pi / \partial \ln p_i) = \alpha_i + \sum \gamma_{ih} \ln p_h + \sum \delta_{ij} \ln p_i \ln x_j \qquad (7.2.10)$$

iはC、I、E_j、E_k、E_r、M_j、M_k、M_r、P_hはp_c、p_i、p_{ej}、p_{ek}、p_{er}、p_{mj}、p_{mk}、p_{mr}を示す。x_jはLとKを表す。しかし、v_c、v_i、v_{ej}、v_{ek}、v_{er}、v_{mj}、v_{mk}、v_{mr}のうち1本v_cを外す。そのため、v_cの関係式をv_i、v_{ej}、v_{ek}、v_{er}、v_{mj}、v_{mk}、v_{mr}の関係式から差引いて、整理すると（ここで1本を外して）
ここで独立の関数は以下のものである。

$$\begin{aligned}
v_{mj} = &\alpha_{mj} + \gamma_{mji}\ln(p_i/p_c) + \gamma_{mjmr}\ln(p_{mr}/p_c) + \gamma_{mjmj}\ln(p_{mj}/p_c) \\
&+ \gamma_{mjmk}\ln(p_{mk}/p_c) + \gamma_{mjer}\ln(p_{er}/p_c) + \gamma_{mjej}\ln(p_{ej}/p_c) \\
&+ \gamma_{mjek}\ln(p_{ek}/p_c) + \delta_{mjl}\ln(l/k) + v_{mj}
\end{aligned} \qquad (7.2.11)$$

$$\begin{aligned}
v_{mk} = &\alpha_{mk} + \gamma_{mki}\ln(p_i/p_c) + \gamma_{mkmr}\ln(p_{mr}/p_c) + \gamma_{mkmj}\ln(p_{mj}/p_c) \\
&+ \gamma_{mkmk}\ln(p_{mk}/p_c) + \gamma_{mker}\ln(p_{er}/p_c) + \gamma_{mkej}\ln(p_{ej}/p_c) \\
&+ \gamma_{mkek}\ln(p_{ek}/p_c) + \delta_{mkl}\ln(l/k) + v_{mk}
\end{aligned} \qquad (7.2.12)$$

$$v_{mr} = \alpha_{mr} + \gamma_{mri}\ln(p_i/p_c) + \gamma_{mrmr}\ln(p_{mr}/p_c) + \gamma_{mrmj}\ln(p_{mj}/p_c)$$

$$+ \gamma_{mrmk}\ln(p_{mk}/p_c) + \gamma_{mrer}\ln(p_{er}/p_c) + \gamma_{mrej}\ln(p_{ej}/p_c)$$
$$+ \gamma_{mrek}\ln(p_{ek}/p_c) + \delta_{mrl}\ln(l/k) + v_{mr} \qquad (7.2.13)$$

$$v_{ej} = \alpha_{ej} + \gamma_{eji}\ln(p_i/p_c) + \gamma_{ejmr}\ln(p_{mr}/p_c) + \gamma_{ejmj}\ln(p_{mj}/p_c)$$
$$+ \gamma_{ejmk}\ln(p_{mk}/p_c) + \gamma_{ejer}\ln(p_{er}/p_c) + \gamma_{ejej}\ln(p_{ej}/p_c)$$
$$+ \gamma_{mjek}\ln(p_{ek}/p_c) + \delta_{ejl}\ln(l/k) + v_{ej} \qquad (7.2.14)$$

$$v_{ek} = \alpha_{ek} + \gamma_{eki}\ln(p_i/p_c) + \gamma_{ekmr}\ln(p_{mr}/p_c) + \gamma_{ekmj}\ln(p_{mj}/p_c)$$
$$+ \gamma_{ekmk}\ln(p_{mk}/p_c) + \gamma_{eker}\ln(p_{er}/p_c) + \gamma_{ekej}\ln(p_{ej}/p_c)$$
$$+ \gamma_{ekek}\ln(p_{ek}/p_c) + \delta_{ekl}\ln(l/k) + v_{ek} \qquad (7.2.15)$$

$$v_{er} = \alpha_{er} + \gamma_{eri}\ln(p_i/p_c) + \gamma_{ermr}\ln(p_{mr}/p_c) + \gamma_{ermj}\ln(p_{mj}/p_c)$$
$$+ \gamma_{ermk}\ln(p_{mk}/p_c) + \gamma_{erer}\ln(p_{er}/p_c) + \gamma_{erej}\ln(p_{ej}/p_c)$$
$$+ \gamma_{erek}\ln(p_{ek}/p_c) + \delta_{erl}\ln(l/k) + v_{er} \qquad (7.2.16)$$

$$v_i = \alpha_i + \gamma_{ii}\ln(p_i/p_c) + \gamma_{imr}\ln(p_{mr}/p_c) + \gamma_{imj}\ln(p_{mj}/p_c)$$
$$+ \gamma_{imk}\ln(p_{mk}/p_c) + \gamma_{ier}\ln(p_{er}/p_c) + \gamma_{iej}\ln(p_{ej}/p_c)$$
$$+ \gamma_{iek}\ln(p_{ek}/p_c) + \delta_{il}\ln(l/k) + v_i \qquad (7.2.17)$$

次に利潤関数をx_jに関して対数偏微分すれば、KとLの需要関数が得られる。

$$u_j = (p_j x_j/\pi) = (\partial \ln \pi / \partial \ln x_j) = \beta_j + \sum \delta_{ij}\ln p_i + \sum \phi_{jk}\ln x_k \qquad (7.2.18)$$

v_iと同じように、ここで2本の推定式のうち、1本を外して独立関数は次式を考えればよい

$$u_l = \beta_l + \delta_{li}\ln(p_i/p_c) + \delta_{lmr}\ln(p_{mr}/p_c) + \delta_{lmj}\ln(p_{mj}/p_c)$$
$$+ \delta_{lmk}\ln(p_{mk}/p_c) + \delta_{ler}\ln(p_{er}/p_c) + \delta_{lej}\ln(p_{ej}/p_c)$$
$$+ \delta_{lek}\ln(p_{ek}/p_c) + \phi_{ll}\ln(l/k) + u_l \qquad (7.2.19)$$

ただしεは標準分布にしたがった確率変数、もちろんこのほかに証明の恒等式より以下の2つが成立する。利潤関数が価格に関して一次同次だから Σ v_i =1、利潤関数は要素投入に関して一次同次だから Σ u_j =1、である。
(i, h = C, I, E, M; j, k = K, L)。v_i は各財の生産額がGNPに占めるシェア、u_j は各生産要素への分配分がGNPに占める要素比率である。

7.2.2 トランスログ輸出入関数推計の先行研究

Kohliと同じようにトランスログ利潤関数を輸出入関数の推計へ応用した例はJUNG MO KANG[24]の研究である。この中で輸入品の需要に対する技術は制約付き利潤関数で表される。トランスログ制約利潤関数アプローチを用いて、韓国の1967年から1981年の輸入需要と輸出供給関数を推定した。その結果から、韓国にとって重要な政策的含意が導かれた。国内で生産された資本の供給で輸入資本財を代替することによる急速な資本蓄積は、韓国の貿易収支を改善するので、良い政策である。しかし、そうすることができるためには、高度に熟練した労働力と資本財の生産に向けた資源の配分が必要となる。これは、労働と資本の代替の弾力性の低い韓国では、雇用に悪影響を与える可能性がるかもしれない。

最後にJUNG MO KANGの研究結果は貿易収支に対する重要な意味をもつかもしれない。現在の輸出と国産品の間の代替性や補完性についての情報は、ほとんどの発展途上国の輸入品の取得が外国為替利用可能性に依存しているため、国際収支の重要な要因である可能性があるとされているからである。

7.2.3 データについて

本章では、1995年から2008年までの14年間における中国の省、自治区、直轄市別のGDP、価格指数のデータを『中国統計年鑑』(1997-2009) から取り、実質一人当たりGDPを求めた。また各省、自治区、直轄市の対日本、対韓国の輸出入金額について、『中国商業年鑑』(1997-2009) で公表された割合を参考

---

[24] "A Restricted Profit Function Approach to the Estimation of Import Demand, Export Supply, and Measurement of Technical Change for Korea" Journal of Social Sciences 165-185

にして、『中国統計年鑑』の輸出入金額からその金額を推定した。輸出入の価格指数は直接データが得られなかったので『中国対外貿易指数』1993-2008の日本・韓国の輸出入の初級品と工業品の指数を使用し、そのデータで加重平均して求めた。

1997年以前の重慶市のデータは四川省に含まれているので、ここでは1995年と1996年四川省から重慶市のデータを分離してそれぞれに計算している。チベット自治区に関しては、記載されているデータがごくわずかしかないことから、これを分析対象外にした。これらの結果、使用するデータは30の省・自治区・直轄市行政地域に関する14年間のデータとなる。以下中国各地域対日本・韓国・その他の国のGDP構成項目と生産要素のデータ（実質額）である。

ここで、中国の省、自治区、直轄市別の行政地域を東部、中部と西部三つの大きな地域に分けて分析するが、その考え方について説明する。東部とは、中国国内の沿海岸地域である。東部地域は対外開放などが積極的に進められた結果、1980年代は広州、深圳といった珠江デルタ地域、1990年代は上海を中心とした長江デルタ地域が目覚ましい発展を遂げた。

この地域は、中国の改革開放政策を実施して以来、鋼鉄、石油化学、電子情報、紡績といった製造業が集中していて、外資系企業も多く進出している地域である。図7-2-1で示したように、この地域の経済発展が中国国内においても最も進んでいる地域であり、年間一人当たりGDPは約40,000元である（2009年時点）。また、第2、3章で示したように、この地域のCO_2排出量が全国的に最も高く、その多くは経済発展によるものである。

中部地域は、内陸地域のうち沿海岸地域に比較的に近い内陸地域であり、中国の主要な食糧生産基地、エネルギー原料基地、設備製造業基地であると同時に、総合交通運輸ハブでもある。[25]1979年の改革・開放以降、一定の経済発展は遂げているものの、その速度は東部と比較して見劣りする。また、東部と中部には、中国75%以上の人口が集中している地域でもある。中部地域の年間一人当たりGDPは東部地域の半分であり、約20,000元である。CO_2排出

---

[25] 高橋海媛（2011）「中国各地域の解説と新たな成長地域として 注目高まる中国西部・中部」三井物産戦略研究所アジア室

量の面から見ると全国では東部地域に続いて2番目となって、その排出の特徴はエネルギー産業が集中していると経済の急発展が原因となっている。

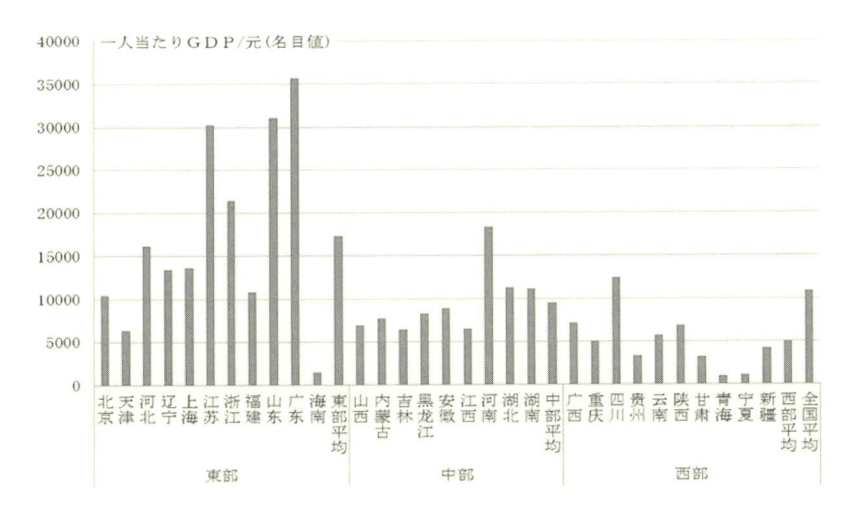

図7-2-1 2008年中国各地域一人当たりGDP
出所:『中国統計年鑑』2009年データより作成

　西部地域は内陸地域の中でも発展途上地域であり、この地域では軽工業、農業、採鉱業、旅行観光などの産業が地域経済の中心となっている。中国全国の陸地面積の56%をしめており、その人口の総計は2.85億であり、およそ全国の総人数の23%を占めている。この地域の1人当たりGDPは約15,000元/年となっている、全国で最も低い地域である。東部地域と西部地域の経済格差は大きくなっていることが浮かび上がる。CO_2排出量は全国で3番目であるが、しかし東部地域と中部地域にかなり近い水準である。特に近年では経済発展が目覚しいので、これからCO_2排出量も確実に増えると考えられる地域である。
　日本・韓国・その他の国からの輸出入比率とGDPに占める投資比率を遼寧のデータを使って計算した。遼寧を例に示すと次のように示す。

表7-2-1 遼寧のデータの一例

単位：億元	π	消費 C	投資 I	日本への輸出 E_J	日本からの輸入 M_J	韓国への輸出 E_K
遼寧						
1995	2793.4	1501.8	1046.6	280.7	89.3	60.1
1996	3033.6	1566.1	1073.2	285	39.6	68.2
1997	3303.6	1688	1097	285.4	105.8	13.4
1998	3577.8	1926.5	1175	245.6	123.5	45.1
1999	3871.8	2139.7	1230.9	260.3	163.9	56.5
2000	4217.9	2378	1395	332.4	209.5	75.2
2001	4596.8	2599.1	1534.8	342.4	217.1	81.1
2002	5068	2817	1252.2	359.6	248.5	97.3
2003	5650.8	2834.8	2132.7	402.8	289.7	121.6
2004	6374.1	2902.1	2852.4	432	328.2	183
2005	7159.2	3328.4	3398.7	462.1	306.8	210.9
2006	8147.2	3550	4156.8	486.1	281.2	237.5
2007	9328.5	3751.6	5047.7	508.7	272.8	296.1
2008	10550.5	4327.1	7607.1	504.1	267.5	305

	韓国からの輸入 MK	他の国への輸出 ER	他の国からの輸入 MR	資本 K	労働 L（万人）
遼寧					
1995	26.2	348.8	112.9	5586.8	2034
1996	21.2	312.7	171.7	6214.4	2030.9
1997	34.4	399.2	208.9	6821.5	2063.3
1998	43.6	323.7	190.7	7406.9	1818.2
1999	78.6	313.2	182.5	Feb-27	1796.4
2000	110.4	403.7	291.4	8655.2	1812.6
2001	101.7	417-2	346.4	9401.1	1833.4
2002	121.5	493.4	350.3	10230.8	1842
2003	142.7	615.7	497.2	10715.7	1861.3
2004	155.4	880.9	743.6	12044.7	1951.6
2005	150.8	605.6	573.3	13993.8	1978.6
2006	159.4	1272.8	974	16342.9	2024.9
2007	162.1	1468.3	1118.9	19274	2071.3
2008	153	1480	1233.3	22876.1	2098.2

出所：遼寧のGDP、消費、投資、輸出入、資本、労働のデータは『中国統計年鑑』、日本、韓国、その他の国からの輸出と輸入については、中国の輸出、輸入量について『中国商業年鑑』の各国からの輸出比率と輸入比率を用いて算定した。

表7-2-2 遼寧の日本・韓国・その他の国からの輸出入比率

		日本		韓国		その他の国	
	遼寧	M/π	E/π	M/π	E/π	M/π	E/π
東部地域	1995	-0.0320	0.1005	-0.0094	0.0215	-0.0404	0.1249
	1996	-0.0131	0.0940	-0.0070	0.0225	-0.0566	0.1031
	1997	-0.0320	0.0864	-0.0104	0.0040	-0.0632	0.1208
	1998	-0.0345	0.0686	-0.0122	0.0126	-0.0533	0.0905
	1999	-0.0423	0.0672	-0.0203	0.0146	-0.0471	0.0809
	2000	-0.0497	0.0788	-0.0262	0.0178	-0.0691	0.0957
	2001	-0.0472	0.0745	-0.0221	0.0177	-0.0754	0.0906
	2002	-0.0490	0.0710	-0.0240	0.0192	-0.0691	0.0974
	2003	-0.0513	0.0713	-0.0253	0.0215	-0.0880	0.1090
	2004	-0.0515	0.0678	-0.0244	0.0287	-0.1167	0.1382
	2005	-0.0429	0.0645	-0.0211	0.0295	-0.0801	0.0846
	2006	-0.0345	0.0597	-0.0196	0.0292	-0.1196	0.1562
	2007	-0.0292	0.0545	-0.0174	0.0317	-0.1199	0.1574
	2008	-0.0254	0.0478	-0.0145	0.0289	-0.1169	0.1403

出所:遼寧の日本・韓国・その他の国の輸出入金額より作成

　表7-2-2は実際の中国の遼寧省の計算例でである。まず計算で使用したデータについて説明する。

　　π:地域GDP

　　C:地域消費

　　I:地域投資

　　E_J:遼寧省から日本への輸出（年間金額）

　　M_J:遼寧省の日本からの輸入（年間金額）

　　E_K:遼寧省から韓国への輸出（年間金額）

　　M_K:遼寧省の韓国からの輸入（年間金額）

E_R：遼寧省から日本・韓国以外の国への輸出（年間金額）
M_R：遼寧省の日本・韓国以外の国からの輸入（年間金額）
K：資本ストック
L：労働

表7-2-3　遼寧の各指数の計算結果

遼寧	P_C	P_I	P_{MK}	P_{EJ}	P_{EK}	P_{MJ}	P_{ER}	P_{MR}	P_L
1995	1.00	1.00	1.00	1.00	1.00	1.00	1.00	1.00	0.49
1996	1.08	1.02	1.01	1.05	0.96	1.10	1.03	1.03	0.49
1997	1.11	1.05	1.10	1.07	1.02	1.18	1.04	1.05	0.50
1998	1.10	1.04	1.41	1.08	1.34	1.12	0.99	1.05	0.65
1999	1.09	1.04	1.24	0.97	1.09	1.02	0.94	1.10	0.72
2000	1.09	1.05	1.34	0.93	1.08	1.07	0.95	1.20	0.81
2001	1.09	1.06	1.38	0.96	1.04	1.09	0.94	1.20	0.93
2002	1.08	1.07	1.30	0.94	0.96	1.08	0.92	1.22	1.08
2003	1.09	1.09	1.32	0.91	0.94	1.07	0.95	1.34	1.19
2004	1.13	1.15	1.46	0.89	1.00	1.11	1.02	1.53	1.32
2005	1.15	1.18	1.50	0.91	0.93	1.26	1.08	1.70	1.51
2006	1.16	1.20	1.51	0.94	0.86	1.43	1.12	1.80	1.69
2007	1.22	1.26	1.58	0.96	0.84	1.54	1.18	1.98	1.90
2008	1.28	1.37	2.15	0.90	1.02	1.67	1.33	2.56	2.17

出所：遼寧各種価格指数『中国統計年鑑』1996～2009

　各種価格指数は以下のように求めた。消費価格指数p_cと投資価格指数p_Iは『中国統計年鑑』1996～2009までのデータを使用した。p_Lは『中国統計年鑑』の1人当たり賃金を指数化したものである。中国各地域対日本・韓国・その他の国の輸出入価格指数は『中国対外貿易指数』に載せられたデータを使用した。以上について価格指数をすべて1995年＝100と指数化した。
　p_Lは『中国統計年鑑』の1人当たり賃金を指数化したものである。中国各地域対日本・韓国・その他の国の輸出入価格指数は『中国対外貿易指数』に載せられたデータを使用した。以上で価格指数をすべて1995年＝100と指数化

した。

　まず地域GDP(π)については、前節で紹介したKohli(1978)A Gross National Product Function and the Derived Demand for Imports and Supply of Exports の考えにしたがって、

$$\pi = p_1 y_1 + p_c y_c - p_m y_m + p_e y_e$$

と表す、そこで

$$\pi_{1995} = 1501.84+1046.61+241.09-197.79+51.57-58.05$$
$$+299.63-249.98 \quad (億元)$$

　次に資本Kの計算について説明する。本論文で使った資本ストックの計算方法について、U. Kohli (1997)[26]で提起した資本ストックの計算方法に基づいて計算した。その具体的な方法は以下である

$$K_{t-1} = \frac{I_{t-1}}{(\delta + \gamma)} \qquad (7.2.20)$$

　　K_t：t年末の粗資本ストック
　K_{t-1}：(t-1)年末の粗資本ストック
　I_{t-1}：(t-1)年の投資
　　δ：資本減耗率
　　γ：投資の成長率

　ここで資本減耗率は5％と仮定する。$\gamma=0$したがって1995年の資本ストックは

$$K_{1995} = 5123.57 \quad (億元) \text{である。}$$

---

[26] U.Kohli (1997) "Accounting for recent economic growth in south east asia" Review of development economics vol. no. 3, pp. 245-256

7.2.4 地域別の日本・韓国との貿易の状況

以上で計算した中国各地域日本・韓国・その他の地域への輸出入の対GDP比率を東部地域、中部地域、西部地域と三つの地域にして、その変化をみる。

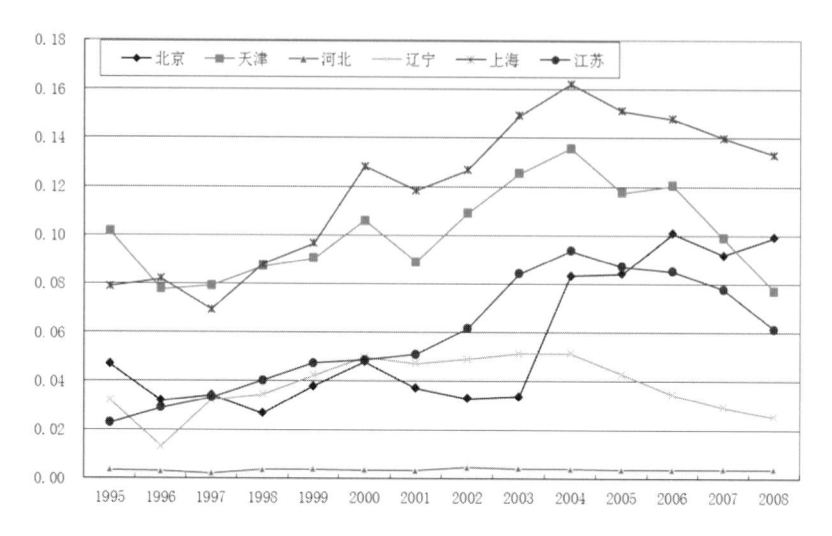

図7-2-2　東部地域1995〜2008年日本からの輸入比率

出所：各地域のデータより作成

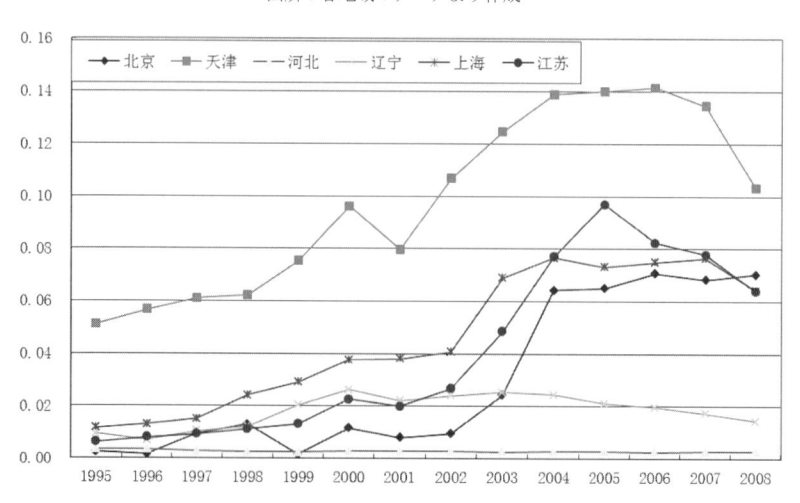

図7-2-3　東部地域1995〜2008年韓国からの輸入比率

出所：各地域のデータより作成

上で紹介したように東部地域は経済発展が中国国内においても最も進んでいる地域であり、年間一人当たりGDPは約40,000元である（2009年時点）。また、第２、３章で紹介したように、この地域のCO_2排出量が全国的に最も高く、その多くは経済発展によるものである。この地域は具体的に北京、天津、河北、遼寧、上海、江蘇、浙江、福建、山東、広東、海南という省・直轄市であり、中では北京、天津、上海、福建、海南が主に旅行観光、文化、商業などの産業が中心となっている地域であり、これを１つの沿海都市型地域として特徴付ける。また、残りの河北、遼寧、江蘇、浙江、山東、広東地域では外資企業は多く進出している地域であり、製造業などの大型産業が集中しているゆえ沿海工業型という１つの地域とする。

　まず東部地域の中の沿海都市型地域をみると、1995年時点では各地域は日本からの輸入の対GDP比率が高く、中でも北京が4.7％、天津が10.2％、上海が7.9％という高い輸入比率を示している。残りの福建が２％、海南が3.5％となっている。これはこの二つの地域において、製造業が少ないためである。この地域では日本との経済関係がいかに緊密であるかという事が浮かび上がる。

　同じ1995年時点では、東部地域の沿海工業型地域では、日本からの輸入の対GDP比率は河北の3.5％、遼寧の3.2％、江蘇の2.3％、浙江の1.5％、山東の1.1％、広東の1.8％である。河北地域の（0.4％）がやや低い以外、日本からの輸入の対GDP比率が高い地域は全て５％以内である。この時、日本からの輸入の対GDP比率が沿海都市型地域に集中していることがわかる。特に北京、天津、上海三地域の日本からの輸入の対GDP比率が地域総輸入比率の５〜10％を示していることから、90年代日中貿易の実像を浮かび上がらせる。

　1995年から日本からの輸入の対GDP比率の変化は、東部地域のうち沿海都市型地域においていくつか大きな波を経て2008年までに大きく増加したことがわかる。中でも特に北京の日本からの輸入の対GDP比率が大きく増加して、2008年時点になると約10％へと増加した。これは北京地域では中国の首都として多くの人口が集中していて、汚染環境問題が日々深刻になっていることと、2008年北京オリンピックを迎えるために製造業などの汚染を多く出す産

業を他の地域へと徐々に移転したため、部品などの輸入が増加していることが原因となっている。天津はやや減少しても依然7.7%であり、上海は13.3%へと増えて、福建は約2%、海南が1.1%へと大きく変化していないことがわかる。

東部地域のうち沿海工業型地域でもいくつか大きな波を経て、2008年になると日本からの輸入の対GDP比率が河北の0.38%、遼寧の2.5%、江蘇の6.1%、浙江の2.9%、山東の1.4%、広東の1.5%となっている。特に、江蘇・広東が大きく増加し、遼寧が減少した。

また、1995年時点の東部の各地域の韓国からの輸入の対GDP比率をみると、沿海都市型地域において天津が最も高く、5.1%となっている。他の北京が0.24%、上海が1.2%、福建が0.5%、海南が0.9%となっている。この地域の日本との輸入の対GDP比率を比べるとそれを下回っている。天津が地理的に韓国と近いという便利性から、韓国との貿易関係が緊密になっていることがわかる。2008年時点になると、天津は依然として沿海都市型地域の中で韓国からの輸入が最も高い地域であり、韓国からの輸入の対GDP比率は10.3%であり、北京は7%、上海は6.4%、福建は1.8%、海南は0.3%へと変化した。北京、天津、上海、江蘇は日本・韓国とも輸入の対GDP比率が増加し、中国国内でのグローバル化影響の強さを示している。

1995年時点では、東部地域の沿海工業型地域では、韓国からの輸入の対GDP比率は河北の0.4%、遼寧の0.9%、江蘇の0.6%、浙江の0.9%、山東の1.1%、広東の0.4%であり、各地域が比較的近い水準である。2008年時点になると、河北が0.3%へと減少した以外に江蘇が6.4%、広東が6%へと大きく増えている。他の遼寧が1.5%、浙江が2.2%、山東が2.8%へと増えた。次に東部地域の輸出の面からみると、1995年時点で日本への輸出比率は沿海都市型地域では北京が3%、天津が5%、上海が12%、福建が6.7%、海南が3.3%となっている。沿海工業型地域では河北が2.8%、遼寧が10%、江蘇が5%、浙江が4.4%、山東が4.8%、広東が1.7%である。上海が最も高く、遼寧も同じぐらいの高水準である。

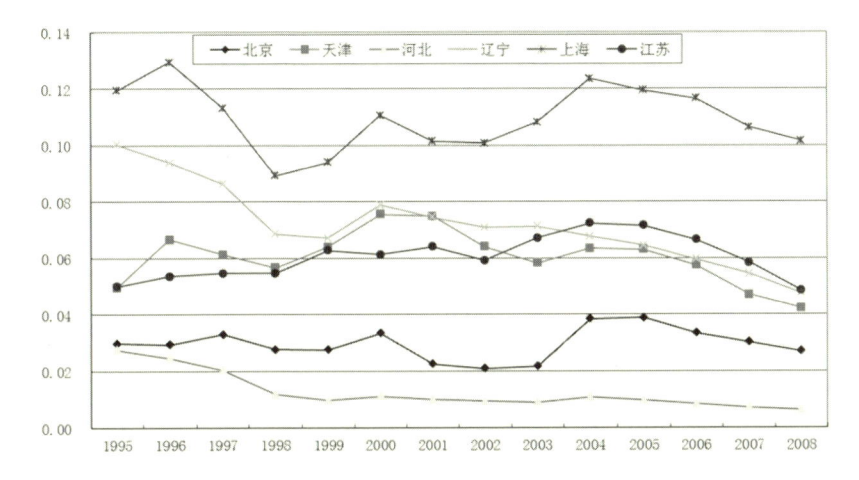

図7-2-4　東部地域1995～2008年日本への輸出比率
出所：各地域のデータより作成

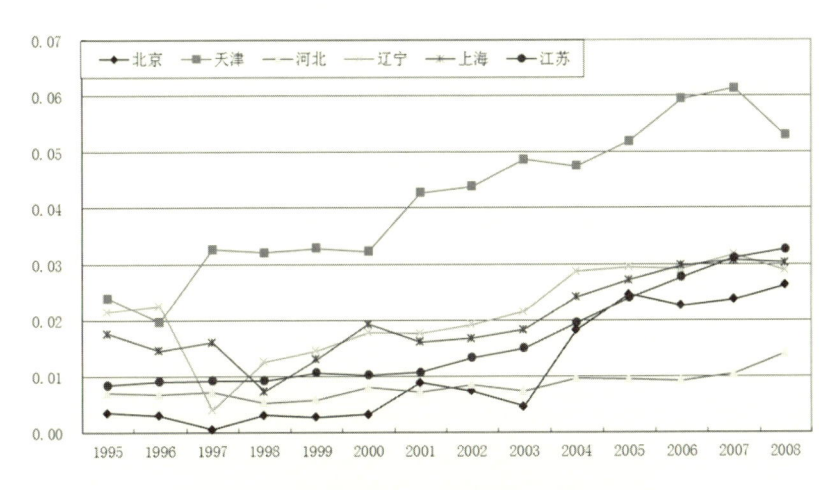

図7-2-5　東部地域1995～2008年韓国への輸出比率
出所：各地域のデータより作成

　輸入と同じように全体的に沿海都市型地域が沿海工業型地域より高いということがわかる。2008年になると、沿海都市型地域では日本への輸出比率が全体的にやや減少する傾向である。しかし各地域の国際貿易規模が拡大しているなかで、依然大きな比率を示している。

また、1995年時点で韓国への輸出比率は東部地域のうち沿海都市型地域において天津が最も高く2.4％であり、それ以外の地域が全て2％以下であるという特徴がある。沿海工業型地域では遼寧の2.2％と山東の2.8％以外に、全て1％以内である。日本への輸出と同じように全体的に沿海都市型地域が沿海工業型地域より高いということがわかる。2008年になると、対称的に沿海工業型地域では韓国への輸出比率が緩やかな増加を示している。

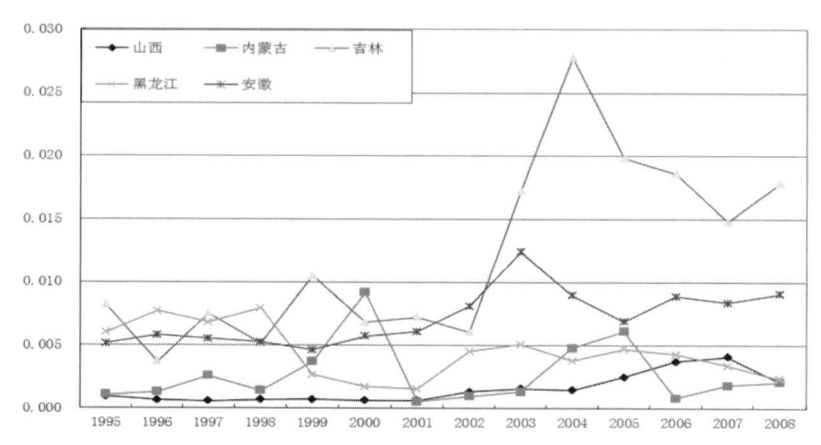

図7-2-6　中部地域1995～2008年日本からの輸入比率
出所：各地域のデータより作成

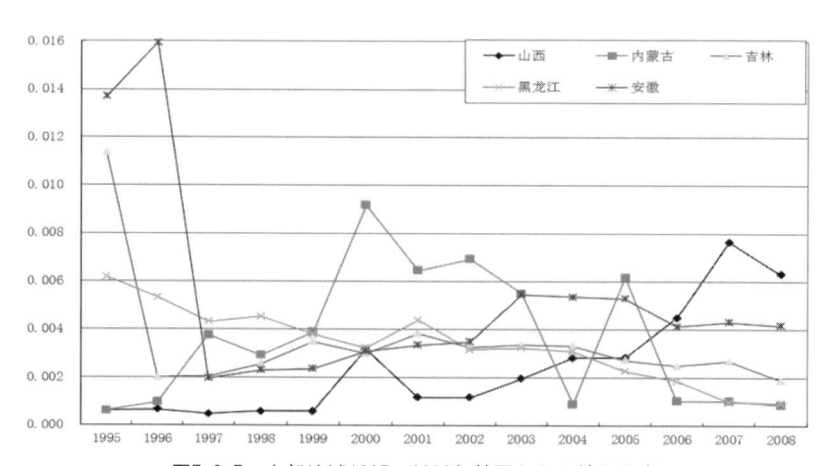

図7-2-7　中部地域1995～2008年韓国からの輸入比率
出所：各地域のデータより作成

中部地域では中国の75％以上の人口が集中している地域でもある。中部地域の年間一人当たりGDPは東部地域の半分であり、約20000元である。CO_2排出量の面から見ると全国では東部地域に続いて2番目となって、その排出の特徴はエネルギー産業が集中していることと経済の急発展が原因となっている。ここでも東部地域と同じように産業構造あるいは一人当たりGDPとCO_2排出量が比較的に近い山西、内蒙古、安徽、河南地域を1つのグループとして、残りの吉林、黒竜江、江西、湖北、湖南地域をひとつのグループとしてそれぞれの特徴をみる。

輸入の面から見ると1995年時点で日本からの輸入の対GDP比率は山西グループが安徽0.5％、河南0.22％、山西0.1％、内モンゴル0.11％であり、残りの吉林グループでは吉林が0.82％、黒竜江0.6％、江西0.19％、湖北0.56％、湖南0.29％である。東部地域と比べて、明らかに低いことがわかる。2008年になると山西グループと吉林グループともにやや増加したが、その変化は僅かである。

1995年時点韓国からの輸入の対GDP比率は山西グループでは安徽地域が最も大きい1.37％であり、それ以外の地域は全部0.1％未満である。吉林グループでは、吉林の1.14％以外に全て1％以下である。2008年になると、山西グループでは山西が0.1から0.6％へと増加した以外に、安徽が1.37％から0.42％へと大きく減少した。吉林グループでは、吉林が大きく減少し1.14％〜0.19％へと減少し、江西が0.45％へと僅かな増加した。中部地域の輸入の面で日本・韓国との貿易規模が依然と東部地域より小さいことがわかる。

輸出の面からみると山西グループと吉林グループの1995年時点での日本への輸出比率は約1％〜3％以内であり、しかも2008年になると緩やかに減少している。これは、主に中国経済発展による自然資源への国内需要が大幅に増えて、中部地域では日本・韓国への石炭・石油・木材といった生産原料の輸出が減少した原因である。

最後に西部地域の1人当たりGDPは約15,000元となっている、全国で最も低い地域である。東部地域と西部地域の経済格差は大きくなっていることが浮かび上がる。CO_2排出量も全国で3番目である。西部地域を近年経済発展が目

覚しい重慶、四川、青海、寧夏、新疆地域と広西、貴州、雲南、陝西、甘粛地域を二つのグループに分けてみる。

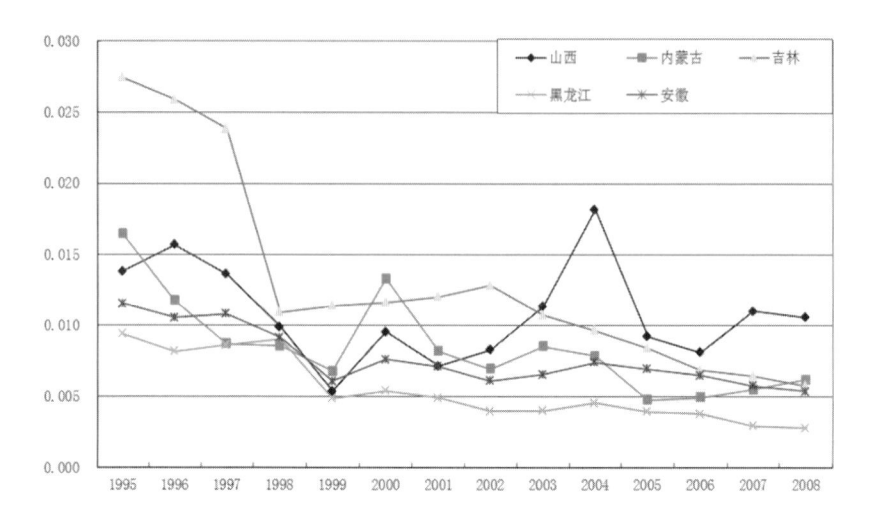

図7-2-8　中部地域1995～2008年日本への輸出比率
出所：各地域のデータより作成

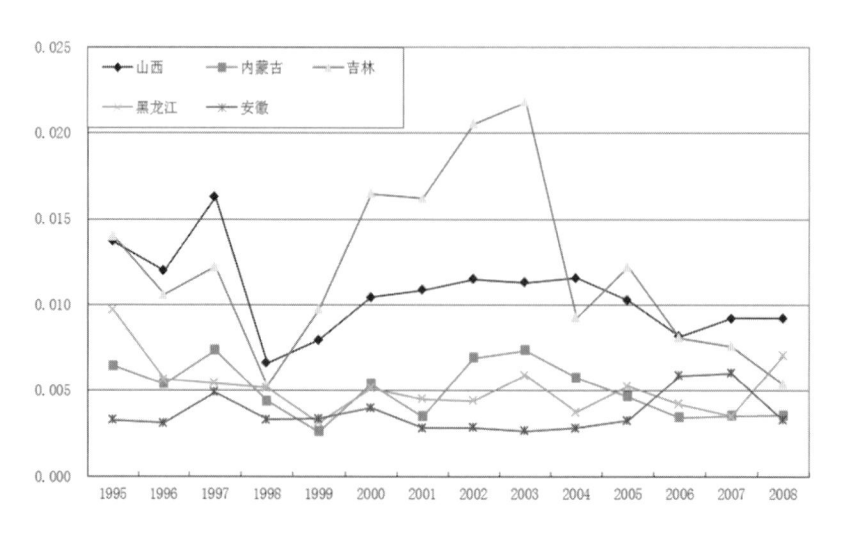

図7-2-9　中部地域1995～2008年韓国への輸出比率
出所：各地域のデータより作成

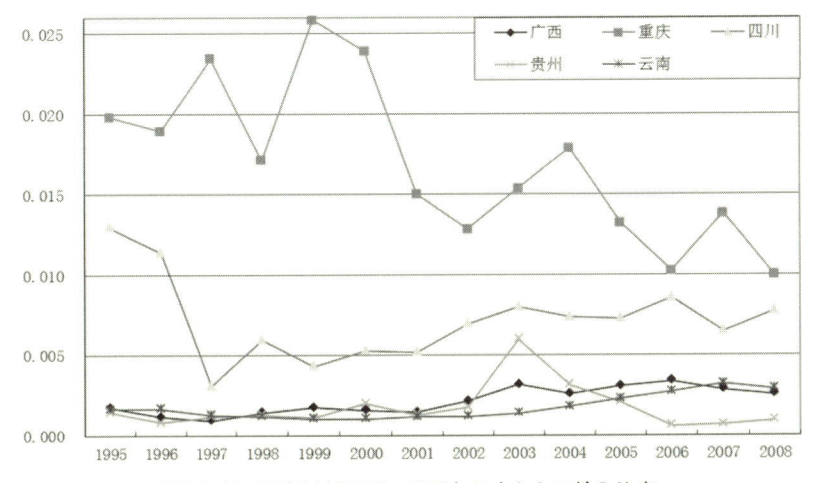

図7-2-10　西部地域1995～2008年日本からの輸入比率
出所：各地域のデータより作成

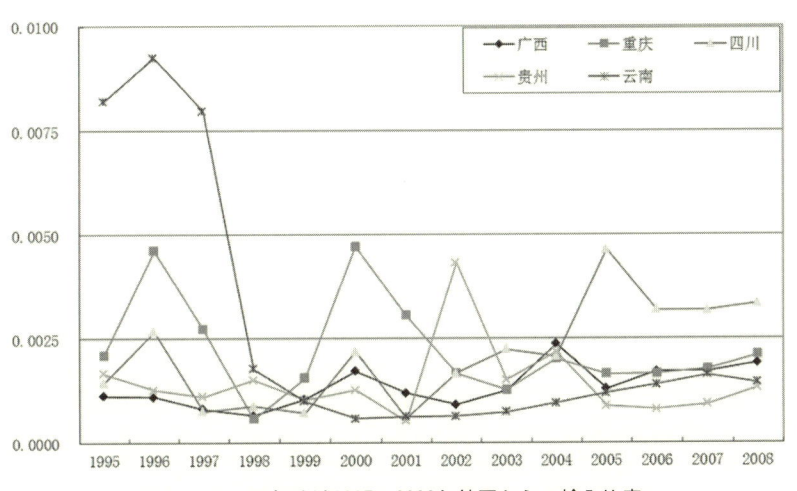

図7-2-11　西部地域1995～2008年韓国からの輸入比率
出所：各地域のデータより作成

　まず西部地域の日本・韓国からの輸入の対GDP比率を見ると、1995年時点では重慶グループ中の重慶が最も高く2.1％である。これ以外の地域は全部2％以内であり、比率も比較的近い水準である。広西グループはこれと違って、陝西が比較的高く、残りの広西、貴州、甘粛、青海が0.2％未満である。その

ほか、日本からの輸入の対GDP比率が韓国を上回り、中国各地域が比較的に日本との貿易関係が大きいことがわかる。

2008年になると、重慶グループの日本からの輸入の対GDP比率が全体的に増加したが、四川地域が大きく減少した。韓国からの輸入の対GDP比率が日本を上回る。広西グループが逆に日本・韓国共に大きく減少し、特に陝西、雲南地域の減少が目立つ。

最後に西部地域の日本・韓国への輸出比率をみると、日本への輸出比率では、重慶グループの、1995年時点では重慶が0.74％、四川が1.47％、青海が2.2％、寧夏が2.87％、新疆が0.67％となっている。1995年から2008までかけて徐々に減少している。四川以外の地域は大きく変わっていない。広西グループが大きな波を経て、やがて減少した。その中では、貴州が0.93％から0.28％へと減少し、雲南が0.93％から0.45％へと、陝西が1.22％から0.44％へと、青海が2.2％から1.24％へと減少した。

重慶グループの韓国への輸出比率は1995年から大きく変化したが、2008年になると減少した。これ以外の地域もほぼ同じペースで推移したが、全体としてやや減少した。広西グループは甘粛が2002年くらいから増加し、その後減少した。全体とでは、微小な変化をしている。広西が0.87％～0.49％へと減少、陝西が1.22％～0.44％へと減少、青海が2.2％～1.24％へと減少した。

東部、中部、西部地域の日本・韓国からの輸出入の比率の変化を総括的に言うと、東部地域の日本・韓国かの輸出入比率が大きく、全国で最も高い。その次に中部地域では緩やかな増加をしているが、その規模としてまだ小さい。西部地域は1995年から2008年の間では、日本韓国からの輸出入の比率が大きく変化したが、後半になると減少した。

7.2.5 トランスログ関数の推計結果

7.2.3節、7.2.4節の地域別のデータを用いて（7.2.11）～（7.2.19）のトランスログ輸出入関数の回帰式を推定する。推定した回帰係数を揚げると次の表のようになる。（北京、河北、山西三地域を例に、残りの地域は付録の表で示す）

これらの回帰係数をKohli（1978）[27]のモデルと比較してみる。まず、中国各地域の輸出入関数のα、δを揚げ、その後にKohliの推計した係数と対照するため関連する係数をあげる。

ここで、α_Mは輸入比率関数の定数項であり、α_Eは輸出比率関数の定数項であり、β_Lは労働分配率関数の定数項であり、γ_{MM}、γ_{ME}は、輸入比率関数の輸入価格弾力性、輸出比率関数の輸出価格弾力性など、価格弾力性を示す。輸入比率関数の要素価格比弾力性はδ_{ML}であり、輸出比率関数の要素価格比弾力性はδ_{EL}と表している。

まずKohli（1978）モデル1では輸入比率関数の定数項α_Mが負(-)であった。JUNG MO KANGの定数項α_Mも負(-)の値であった。これに対して、我々のモデルでは、日本からの輸入比率関数の定数項α_{MJ}についてすべての地域が同じく負(-)の値を得た。韓国からの輸入比率関数の定数項α_{MK}値について、北京、山西、内モンゴル、河南地域がプラス(+)の値であった、これら以外の地域では負(-)のであった。その他の国からの輸入比率関数α_{MR}はα_Mと同様に全ての地域で負(-)の値を（Kohliの値より絶対値で小さい）得た。

また、輸出比率関数の定数項α_Eについて、Kohliではプラス(+)の値であった。JUNG MO KANGもプラス(+)の値であった。我々のモデルでは、韓国からの輸入比率関数についてα_{EK}では内モンゴル地域だけ負(-)の値が現れるが、他の地域ではプラスの値となった。α_{EJ}、α_{ER}はすべての地域においてプラス(+)の値を得た（Kohliの値より絶対値でやや小さいが、類似した値を得た）。

次に資本の分配率関数の定数項β_Lについて、Kohliではプラス(+)の値であった。JUNG MO KANGもプラス(+)の値であった。我々のモデルでは、すべての地域においてプラス(+)の値を得た。

---

[27] Kohli, U. R. (1978) "A Gross National Product Function and the Derived Demand for Imports and Supply of Exports" Cttnadlan fournal of Etonomies, Vol. 11, No. 2, May, pp. 167-82.

表7-2-4　上海、山西、四川三地域推定した回帰係数

	上海			山西			四川		
	係数値	t値	p値	係数値	t値	p値	係数値	t値	p値
α_{MJ}	-0.073	-8.52	[.000]***	-0.001	-1.49	[.136]	-0.010	-9.91	[.000]***
γ_{MJI}	0.081	2.56	[.011]**	-0.001	-0.15	[.880]	0.016	1.10	[.271]
γ_{MJMR}	-0.113	-3.29	[.001]***	0.001	0.65	[.517]	-0.018	-3.56	[.000]***
γ_{MJMJ}	-0.028	-1.89	[.059]*	0.002	2.16	[.031]**	-0.014	-4.05	[.000]***
γ_{MJMK}	-0.039	-4.51	[.000]***	-0.017	-14.45	[.000]***	0.003	1.22	[.223]
γ_{MJER}	0.266	7.14	[.000]***	0.002	0.71	[.479]	-0.004	-0.59	[.556]
γ_{MJEJ}	0.062	4.78	[.000]***	-0.013	-6.29	[.000]***	0.013	7.47	[.000]***
γ_{MJEK}	0.048	7.64	[.000]***	0.017	11.01	[.000]***	-0.008	-7.09	[.000]***
δ_{MJL}	-0.034	-2.06	[.039]**	-0.002	-1.98	[.047]**	-0.007	-2.42	[.015]**
α_{MK}	-0.006	-1.20	[.231]	0.001	0.72	[.474]	-0.002	-2.36	[.018]**
γ_{MKI}	-0.119	-4.76	[.000]***	0.005	0.36	[.716]	-0.007	-0.47	[.639]
γ_{MKMR}	-0.067	-3.38	[.001]***	-0.001	-0.80	[.425]	0.000	0.07	[.944]
γ_{MKMK}	0.056	7.97	[.000]***	-0.027	-13.86	[.000]***	0.002	0.55	[.580]
γ_{MKER}	0.076	3.33	[.001]***	0.017	3.63	[.000]***	-0.027	-4.92	[.000]***
γ_{MKEJ}	0.013	1.55	[.120]	0.014	3.85	[.000]***	-0.017	-8.50	[.000]***
γ_{MKEK}	-0.020	-5.09	[.000]***	0.019	8.40	[.000]***	0.001	1.41	[.159]
δ_{MKL}	0.043	4.55	[.000]***	-0.012	-5.88	[.000]***	0.010	3.53	[.000]***
α_{MR}	-0.125	-3.11	[.002]***	-0.011	-2.72	[.007]***	-0.030	-11.35	[.000]***
γ_{MRI}	-0.146	-2.10	[.036]**	-0.031	-1.33	[.184]	-0.129	-3.14	[.002]***
γ_{MRMR}	-0.642	-4.75	[.000]***	-0.040	-3.76	[.000]***	0.013	0.64	[.522]
γ_{MRER}	0.610	4.25	[.000]***	0.044	3.14	[.002]***	0.025	1.69	[.090]*
γ_{MREJ}	0.005	0.20	[.843]	-0.007	-1.20	[.231]	0.012	3.14	[.002]***
γ_{MREK}	0.050	4.60	[.000]***	-0.006	-1.85	[.065]*	-0.001	-0.39	[.693]
δ_{MRL}	0.153	2.55	[.011]**	0.010	1.67	[.095]*	-0.004	-0.51	[.607]
α_{EJ}	0.121	20.47	[.000]***	0.018	41.48	[.000]***	0.011	20.84	[.000]***
γ_{EJI}	0.124	3.00	[.003]***	0.109	4.18	[.000]***	0.029	3.01	[.003]***
γ_{EJER}	-0.233	-7.30	[.000]***	-0.007	-0.49	[.622]	-0.009	-2.17	[.030]**
γ_{EJEJ}	-0.125	-7.20	[.000]***	-0.026	-2.76	[.006]***	0.010	4.00	[.000]***
γ_{EJEK}	-0.075	-14.18	[.000]***	-0.045	-12.00	[.000]***	0.016	18.16	[.000]***
δ_{EJL}	0.080	5.61	[.000]***	0.023	4.59	[.000]***	0.000	0.17	[.867]
α_{EK}	0.017	6.10	[.000]***	0.014	9.94	[.000]***	0.005	18.95	[.000]***
γ_{EKI}	-0.152	-10.39	[.000]***	0.107	4.47	[.000]***	0.025	5.11	[.000]***
γ_{EKER}	0.042	1.99	[.046]**	-0.049	-4.94	[.000]***	0.008	3.88	[.000]***
γ_{EKEK}	0.038	9.48	[.000]***	-0.041	-7.77	[.000]***	-0.004	-11.02	[.000]***
δ_{EKL}	0.013	2.40	[.016]**	0.031	9.03	[.000]***	-0.003	-2.97	[.003]***
α_{ER}	0.289	7.25	[.000]***	0.072	10.95	[.000]***	0.049	11.69	[.000]***
γ_{ERI}	-0.128	-1.02	[.306]	0.113	1.79	[.074]*	0.295	6.63	[.000]***
γ_{ERER}	0.657	2.90	[.004]***	0.047	1.31	[.190]	-0.031	-1.44	[.150]
δ_{ERL}	-0.152	-2.25	[.025]**	0.038	3.91	[.000]***	-0.001	-0.06	[.948]
α_I	0.630	39.22	[.000]***	0.383	38.50	[.000]***	0.382	34.00	[.000]***
γ_{II}	0.919	6.02	[.000]***	-0.028	-0.13	[.897]	0.633	4.85	[.000]***
δ_{IL}	0.061	1.62	[.105]*	-0.186	-10.40	[.000]***	-0.170	-8.49	[.000]***
β_L	0.334	19.47	[.000]***	0.654	24.77	[.000]***	0.829	21.82	[.000]***
Φ_{LL}	0.028	0.89	[.373]	0.062	2.05	[.040]**	0.061	1.40	[.160]
γ_{MJC}	-0.278	-9.55	[.000]***	0.011	1.28	[.199]	0.011	1.02	[.309]
γ_{MKC}	0.101	4.72	[.000]***	-0.010	-0.75	[.453]	0.044	4.74	[.000]***
γ_{MRC}	0.302	4.92	[.000]***	0.042	1.21	[.226]	0.097	2.90	[.004]***
γ_{EJC}	0.228	5.43	[.000]***	-0.025	-0.73	[.465]	-0.055	-27.00	[.000]***
γ_{EKC}	0.069	5.67	[.000]***	-0.001	-0.05	[.962]	-0.037	-9.82	[.000]***
γ_{ERC}	-1.290	-14.43	[.000]***	-0.085	-2.35	[.019]**	-0.258	-5.81	[.000]***
γ_{IC}	-0.580	-4.69	[.000]***	-0.275	-1.60	[.110]	-0.863	-7.06	[.000]***
γ_{CC}	0.000	0.00	[1.00]	0.000	0.00	[1.00]	0.000	0.00	[1.00]
α_C	0.148	8.51	[.000]***	0.524	30.27	[.000]***	0.596	47.01	[.000]***
β_K	0.666	38.81	[.000]***	0.346	13.09	[.000]***	0.171	4.51	[.000]***
δ_{CL}	-0.164	-5.03	[.000]***	0.098	4.36	[.000]***	0.174	9.61	[.000]***

出所：北京、河北、山西三地域のデータより作成
***1％（0.01）、**5％（0.05）、*10％（0.1）

表7-2-5　中国各地域トランスログ輸出入関数の係数1

	北京	天津	河北	山西	内蒙古
α_{MJ}	-0.0335	-0.2809	-0.0028	-0.0006	-0.0036
α_{MK}	0.0101	-0.0403	-0.0041	0.0006	0.0001
α_{MR}	-0.3355	-0.2450	-0.0108	-0.0112	-0.0588
α_{EJ}	0.0196	0.0461	0.0301	0.0176	0.0165
α_{EK}	0.0007	0.0192	0.0082	0.0142	-0.0008
α_{ER}	0.1225	0.1657	0.0522	0.0723	0.0447
γ_{MJMJ}	0.0110	-0.2934	-0.0012	0.0016	0.0128
γ_{MJMK}	-0.1673	0.2003	0.0081	-0.0166	0.0548
γ_{MJMR}	-0.0284	-0.0625	-0.0130	0.0007	-0.0393
γ_{MJEJ}	0.1048	0.0094	-0.0124	-0.0134	0.0510
γ_{MJEJ}	-0.0091	-0.1316	-0.0062	0.0167	-0.0613
γ_{MJEJ}	0.2198	0.0453	0.0170	0.0019	-0.0127
δ_{MJL}	0.0518	-0.0971	0.0002	-0.0022	0.0029
δ_{MKL}	0.0828	0.0585	-0.0024	-0.0117	-0.0223
δ_{MRL}	0.1901	0.1048	-0.0017	0.0097	-0.0640
δ_{MJL}	-0.0186	0.0055	0.0178	0.0232	0.0134
δ_{MKL}	-0.0006	-0.0176	0.0085	0.0305	0.0115
δ_{MRL}	-0.1260	-0.3099	-0.0562	0.0382	0.0290
	遼寧	吉林	黒竜江	上海	江蘇
α_{MJ}	-0.0305	-0.0090	-0.0057	-0.0728	-0.0249
α_{MK}	-0.0064	-0.0069	-0.0059	-0.0065	-0.0041
α_{MR}	-0.0416	-0.0837	-0.0421	-0.1248	-0.0182
α_{EJ}	0.1011	0.0248	0.0093	0.1207	0.0486
α_{EK}	0.0166	0.0113	0.0093	0.0169	0.0067
α_{ER}	0.1488	0.0559	0.0546	0.2893	0.0943
γ_{MJMJ}	-0.1042	0.0277	0.0084	-0.0276	0.0012
γ_{MJMK}	-0.0827	0.0579	0.0160	-0.0387	0.0388
γ_{MJMR}	-0.2589	-0.0699	-0.0028	-0.1131	-0.0418
γ_{MJEJ}	-0.0182	0.0854	-0.0038	0.0624	0.0022
γ_{MJEJ}	-0.0275	-0.0412	-0.0122	0.0478	-0.0042
γ_{MJEJ}	0.4612	0.0037	-0.0193	0.2660	0.2510
δ_{MJL}	-0.1474	0.0072	0.0112	-0.0337	0.0163
δ_{MKL}	-0.0140	0.0187	-0.0145	0.0425	0.0852
δ_{MRL}	0.0768	-0.0412	0.0077	0.1529	0.2863
δ_{MJL}	0.2431	0.0568	0.0193	0.0796	0.0236
δ_{MKL}	-0.0569	-0.0007	0.0320	0.0130	0.0007
δ_{MRL}	0.1358	0.0245	-0.0693	-0.1521	-0.5477
	折江	安徽	福建	江西	山東
α_{MJ}	-0.0183	-0.0035	-0.0251	-0.0018	-0.0099
α_{MK}	-0.0098	-0.0129	-0.0134	-0.0009	-0.0136
α_{MR}	-0.0601	-0.0019	-0.1501	-0.0124	-0.0291
α_{EJ}	0.0440	0.0107	0.0577	0.0091	0.0457
α_{EK}	0.0072	0.0023	0.0010	0.0039	0.0304
α_{ER}	0.1602	0.0415	0.1972	0.0874	0.0830
γ_{MJMJ}	0.0247	-0.0012	-0.0114	0.0146	-0.0222
γ_{MJMK}	-0.0588	-0.0206	-0.0448	0.0027	0.0147
γ_{MJMR}	-0.0658	-0.0412	-0.0208	0.0032	0.0196
γ_{MJEJ}	-0.0201	-0.0147	0.0377	-0.0063	0.0087
γ_{MJEJ}	0.0520	0.0175	0.1299	-0.0035	-0.0118
γ_{MJEJ}	0.1617	0.0756	0.1299	-0.0328	0.0506
δ_{MJL}	-0.0371	-0.0290	-0.0427	0.0106	-0.0068
δ_{MKL}	-0.0010	0.0068	-0.0422	0.0007	0.0684
δ_{MRL}	-0.0018	-0.0332	0.0899	0.0188	0.0787
δ_{MJL}	0.0724	0.0538	0.0079	-0.0011	0.0106
δ_{MKL}	-0.0034	-0.0150	-0.0124	0.0005	-0.0093
δ_{MRL}	-0.1098	0.0577	-0.1572	-0.0461	-0.1146

中国各地域トランスログ輸出入関数の係数2

	河南	湖北	湖南	広東	広西
α_{MJ}	−0.0020	−0.0035	−0.0039	−0.0510	−0.0010
α_{MK}	−0.0004	−0.0012	−0.0026	−0.0195	−0.0011
α_{MR}	−0.0104	−0.0264	−0.0269	−0.4406	−0.0263
α_{EJ}	0.0067	0.0085	0.0082	0.0328	0.0071
α_{EK}	0.0024	0.0028	0.0038	0.0038	0.0011
α_{ER}	0.0383	0.0623	0.0674	0.7739	0.0724
γ_{MJMJ}	0.0060	−0.0027	−0.0093	0.0857	0.0046
γ_{MJMK}	0.0016	0.0009	0.0277	0.0858	0.0041
γ_{MJMR}	−0.0039	−0.0071	−0.0121	0.2678	0.0050
γ_{MJEJ}	−0.0017	−0.0013	0.0223	−0.0228	−0.0001
γ_{MJEJ}	0.0009	0.0004	−0.0095	−0.0787	−0.0011
γ_{MJEJ}	0.0032	0.0161	0.0755	−0.9028	−0.0198
δ_{MJL}	−0.0003	0.0000	−0.0210	0.3668	0.0105
δ_{MKL}	0.0024	−0.0021	−0.0186	0.1159	0.0007
δ_{MRL}	0.0140	−0.0247	−0.0258	0.3637	0.0197
δ_{MJL}	0.0086	0.0085	0.0186	−0.0943	0.0056
δ_{MKL}	0.0052	0.0153	0.0192	−0.0354	−0.0041
δ_{MRL}	0.0124	0.0839	0.0447	−0.6452	−0.0847
	海南	重慶	四川	貴州	雲南
α_{MJ}	−0.0339	−0.0215	−0.0096	−0.0014	−0.0016
α_{MK}	−0.0101	−0.0034	−0.0019	−0.0017	−0.0087
α_{MR}	−0.0012	−0.0305	−0.0300	−0.0265	−0.0446
α_{EJ}	0.0295	0.0073	0.0108	0.0099	0.0094
α_{EK}	0.0087	0.0054	0.0046	0.0043	0.0009
α_{ER}	0.1571	0.0556	0.0490	0.0408	0.0729
γ_{MJMJ}	0.0787	0.1039	−0.0143	0.0342	0.0011
γ_{MJMK}	−0.0264	0.0203	0.0035	−0.0125	−0.0022
γ_{MJMR}	−0.0767	0.0791	−0.0177	0.0098	0.0015
γ_{MJEJ}	0.0059	−0.0103	0.0131	−0.0403	0.0005
γ_{MJEJ}	0.0085	−0.0110	−0.0077	0.0208	0.0021
γ_{MJEJ}	0.0624	0.0918	−0.0038	−0.0033	−0.0084
δ_{MJL}	−0.0372	0.0340	−0.0072	0.0101	0.0010
δ_{MKL}	−0.0032	0.0042	0.0103	0.0111	−0.0088
δ_{MRL}	0.5539	0.0840	−0.0043	−0.0138	−0.0140
δ_{MJL}	0.0308	−0.0132	0.0004	−0.0025	0.0010
δ_{MKL}	0.0033	−0.0024	−0.0031	−0.0048	0.0111
δ_{MRL}	0.0510	−0.1286	−0.0005	−0.0090	−0.0137
	陝西	甘粛	青海	寧夏	新疆
α_{MJ}	−0.0117	−0.0014	−0.0014	−0.0053	−0.0022
α_{MK}	−0.0006	−0.0019	−0.0014	−0.0013	−0.0013
α_{MR}	−0.0276	−0.0121	−0.0185	−0.0255	−0.0608
α_{EJ}	0.0115	0.0101	0.0233	0.0317	0.0064
α_{EK}	0.0066	0.0068	0.0051	0.0078	0.0015
α_{ER}	0.0872	0.0340	0.0359	0.0831	0.0595
γ_{MJMJ}	0.0139	0.0049	−0.0019	−0.0041	−0.0072
γ_{MJMK}	−0.0059	−0.0027	−0.0053	−0.0016	0.0010
γ_{MJMR}	−0.0040	−0.0053	−0.0058	−0.0591	−0.0033
γ_{MJEJ}	−0.0024	−0.0063	−0.0001	−0.0431	−0.0037
γ_{MJEJ}	0.0013	0.0028	0.0033	0.0207	−0.0042
γ_{MJEJ}	−0.0132	0.0002	0.0122	0.1010	0.0240
δ_{MJL}	−0.0066	−0.0004	−0.0058	−0.0254	−0.0045
δ_{MKL}	−0.0056	−0.0034	−0.0033	−0.0023	−0.0009
δ_{MRL}	0.0181	−0.0108	−0.0176	−0.0563	−0.0603
δ_{MJL}	0.0031	−0.0172	0.0191	0.0036	0.0022
δ_{MKL}	0.0103	0.0036	0.0060	0.0025	−0.0163
δ_{MRL}	0.0564	−0.0059	0.0001	0.0701	−0.1221

出所：(式 (7.2.11) 〜 (7.2.19) より作成)

第7章 日中韓の貿易動向の分析　169

表7-2-6　KohliモデルとJUNG MO KANGの係数　（　）内は誤差

Kohliモデルの係数	Model 1	Model 1R	Model 2	Model 2R	JUNG MO KANGの係数
α_M	−0.1981	−0.207	−0.1776	−0.1791	−0.439
	−0.0049	−0.0138	−0.0053	−0.0076	(−20.200)
α_E	0.1924	0.187	0.1608	0.1718	0.154
	−0.0068	−0.0116	−0.0051	−0.0082	(−4.27)
β_L	0.6895	0.6839	0.682	0.6871	0.806
	−0.003	−0.0103	−0.0057	−0.0065	(−30.456)
γ_{MM}	0.0107	−0.1347	0.0958	−0.0494	−0.444
	−0.1199	−0.1092	−0.0813	−0.0851	(−60.000)
γ_{ME}	−0.0019	−0.0297	−0.233	−0.1821	0.058
	−0.1323	−0.0694	−0.0698	−0.0656	(−0.648)
δ_{ML}	−0.0019	0.0243	−0.2121	−0.2045	0.31
	−0.0189	−0.0386	−0.0404	−0.0518	(−11.645)
δ_{EL}	−0.0604	−0.1455	0.2866	0.1413	−0.249
	−0.0278	−0.0494	−0.0421	−0.0766	(−5.526)
δ_{IL}	0.0152	0.0671	−0.1032	−0.0865	−0.156
	−0.0195	−0.0544	−0.0364	−0.0643	(−3.961)

出所：Kohli, U. R. (1978) JUNG MO KANGより作成

γ_{MM}について、KohliではModel 1 とModel 2 ではプラス(+)の値であり、Model 1 RとModel 2 Rでは負(−)の値となった。JUNG MO KANGが負(−)の値を得た。これに対して、我々のモデルでは、γ_{MJMJ}について、天津、河北、遼寧、上海、安徽、福建、山東、湖北、湖南、四川、青海、寧夏、新疆ではプラス(+)の値であり、これ以外の地域がすべてプラス(+)の値を得た。γ_{MJMk}については北京、山西、遼寧、上海、浙江、安徽、福建、海南、貴州、雲南、山西、甘粛、青海、寧夏が負(−)の値となった。これ以外の地域はプラス(+)の値を得た。γ_{MJMR}について、山西、山東、広東、広西、重慶、貴州、雲南ではプラス(+)の値を得た。これ以外の地域が負(−)の値である。

γ_{ME}について、Kohliでは負(−)の値である。JUNG MO KANGではプラス(+)の値となった。我々のモデルでは、γ_{MJEJ}について、河北、山西、遼寧、黒竜江、浙江、安徽、江西、河南、湖北、広東、広西、重慶、貴州、陝西、甘粛、青海、寧夏、新疆が負(−)の値となり、これ以外の地域はプラス(+)の値を得た。γ_{MJEK}について、山西、上海、浙江、安徽、福建、河南、湖北、海南、貴州、雲南、陝西、甘粛、青海、寧夏が負(−)の値となり、これ以外の地域はプラス

(+)の値を得た。γ_{MJER}について、内モンゴル、黒竜江、江西、広東、広西、重慶、四川、貴州、雲南、陝西が負(-)の値となった。これ以外の地域はプラス(+)の値を得た。

続いて、輸入比率、輸出比率関数の要素価格比弾力性δ_{ML}、δ_{EL}ついて、Kohliではδ_{ML}が負(-)の値、δ_{EL}半分がプラス(+)、半分が負(-)の値となった。JUNG MO KANGではδ_{ML}がプラス(+)の値、δ_{EL}が負(-)の値となった。これは、半分は輸入品が労働と代替的で、半分が補完的という事を示す。これに対し、我々のモデルでは、日本からの輸入比率関数の要素価格比弾力性δ_{MJL}は北京、河北、内モンゴル、吉林、黒竜江、江蘇、江西、山東、河南、湖北広東、広西、重慶、貴州、雲南、甘粛地域がプラス(+)の値であり、これらの地域がJUNG MO KANGと同じである。それ以外の地域が負(-)の値を得て、1/2以上の地域がKohliと一致した。

韓国からの輸入比率関数の要素価格弾力性その他の国からの輸入の要素価格弾力性δ_{MKL}について北京、天津、吉林、上海、江蘇、安徽、江西、山東、河南、広東、広西、重慶、四川、貴州地域がプラス(+)の値である。これは、半分以上の地域おいて、韓国の輸入品が労働と補完的ということを表している。これ以外の地域は、負(-)の値を得た。δ_{MRL}について、北京、天津、山西、遼寧、黒竜江、上海、江蘇、福建、江西、山東、河南、広東、広西、海南、重慶、陝西地域がプラス(+)の値であり、これ以外の地域は、負(-)の値を得た。

日本への輸出比率関数の要素価格比弾力性δ_{EJL}について北京、江西、広東、重慶、貴州、甘粛地域が負(-)の値であり、これ以外の地域は、プラス(+)の値を得て、1/2以上の地域がKohliと一致した。半分以上の地域で日本への輸出品が労働集約的であることを示す。韓国への輸出比率関数の要素価格比弾力性δ_{EKL}について北京、天津、遼寧、吉林、江蘇、浙江、安徽、福建、山東、広東、広西、重慶、四川、貴州、新疆地域が、負(-)の値であり、つまり半分の地域が日本への輸出品が労働集約的でないこと示す。これ以外の地域は、プラス(+)の値を得た。

最後にその他の国への輸出比率関数の要素価格比弾力性δ_{ERL}については、

山西、内モンゴル、遼寧、吉林、安徽、河南、湖北、湖南、海南、陝西、青海、寧夏地域がプラス(+)の値であり、これらの地域のその他の国への輸出は労働集約的であることをしめす。これ以外の地域は、負(-)の値を得て、その他の国への輸出が労働集約的であることを示す。1/2以上の地域がKohliと一致した。

以上、我々のモデルとKohli (1978) モデル1との比較である。α_M、α_Eでは同じような結果を得た。しかし、δ_{ML}、δ_{EL}、ではKohli (1978) モデル1と符号においてかなりの差異があることがわかる。

7.2.6 輸出入関数のシミュレーション結果

以上推計したデータを用いて、中国各地域対日本・韓国・その他の国の輸出について述べる。以下では、推計した一部地域の輸出入のデータと現実のデータを分析し、その差異をみる。図7-2-26〜7-2-27は遼寧を例にしたグラフである。1995年時点の日本からの実際の輸入金額は89.34億元であり、日本への実際の輸出金額が280.68億元である。これに対し推計した日本からの輸入金額が85.23億元であり、推計した日本への輸出金額が282.53億元である。推計輸入金額は実際の輸入金額より僅かばかり少ない、両者に約4億元の差がある。推計輸出金額は実際の輸出金額よりも少ない、約2億元の差が出ている。

1995年時点の韓国からの実際の輸入金額は26.22億元であり、韓国への実際の輸出金額が60.13億元である。これに対し推計した韓国からの輸入金額が17.76億元であり、推計した韓国への輸出金額が47.27億元である。推計輸入金額は実際の輸入金額より少なく、両者が約8億元の差がある。推計輸出金額は実際の輸出金額より小さく、約14億元の差が出ている。

1995年時点のその他の国からの実際の輸入金額は112.92億元であり、他の国への実際の輸出金額が348.82億元である。これに対し推計した他の国からの輸入金額が116.29億元であり、推計した他の国への輸出金額が415.62億元である。

表7-2-7　遼寧現実と推定金額の比較

遼寧輸入	現実Mj	推測Mj	現実Mk	推測Mk	現実Mr	推測Mr
1995	89.34	85.23	26.22	17.76	112.92	116.29
1996	39.64	61.01	21.19	17.20	171.69	146.79
1997	105.83	91.44	34.44	32.52	208.87	225.05
1998	123.50	163.19	43.63	62.72	190.68	239.08
1999	163.89	138.48	78.60	78.30	182.48	266.11
2000	209.54	217.79	110.38	103.61	291.38	342.20
2001	217.09	243.30	101.67	85.33	346.40	350.33
2002	248.54	228.14	121.51	105.66	350.29	345.06
2003	289.72	262.81	142.71	130.47	497.16	387.88
2004	328.21	298.02	155.37	155.51	743.55	483.78
2005	306.81	271.65	150.84	142.32	573.31	599.75
2006	281.18	232.67	159.41	126.20	974.00	812.04
2007	272.85	195.96	162.08	140.10	1118.88	946.83
2008	267.48	411.23	153.01	214.98	1233.33	1523.97
遼寧輸出	現実Ej	推測Ej	現実Ek	推測Ek	現実Er	推測Er
1995	280.68	282.53	60.13	47.27	348.82	415.62
1996	285.02	283.76	68.23	59.32	312.75	242.62
1997	285.36	290.45	13.37	55.88	399.17	333.23
1998	245.61	296.47	45.15	49.25	323.68	465.64
1999	260.35	233.45	56.48	79.25	313.21	302.85
2000	332.37	320.27	75.18	72.08	403.73	467.97
2001	342.39	347.75	81.15	53.04	417.23	502.56
2002	359.64	311.27	97.31	85.94	493.41	471.77
2003	402.80	376.74	121.58	114.96	615.67	481.80
2004	431.96	451.74	183.00	155.70	880.94	629.75
2005	462.05	482.22	210.89	192.44	605.57	795.15
2006	486.08	436.45	237.55	220.46	1272.76	1025.93
2007	508.70	439.18	296.14	293.84	1468.25	2632.34
2008	504.10	557.65	304.98	325.83	1480.02	2034.76

出所：推計したデータと『中国統計年鑑』のデータより作成

　推計輸入金額は実際の輸入金額よりやや高く、両者が約4億元の差がある。推計輸出金額は実際の輸出金額より高く、約60億元の差が出ている。遼寧地域では1995年時点で推計した日本との輸出入金額が実際の金額とかなり近い結果を得ている。

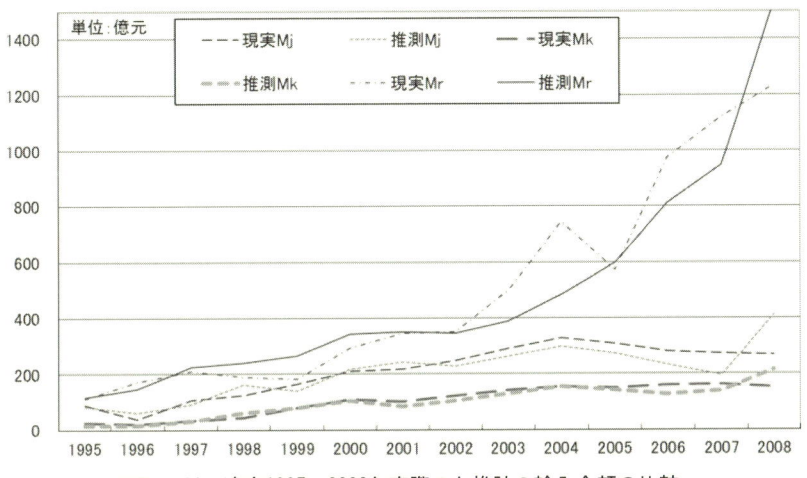

図7-2-26　遼寧1995～2008年実際のと推計の輸入金額の比較
出所：推計したデータより作成

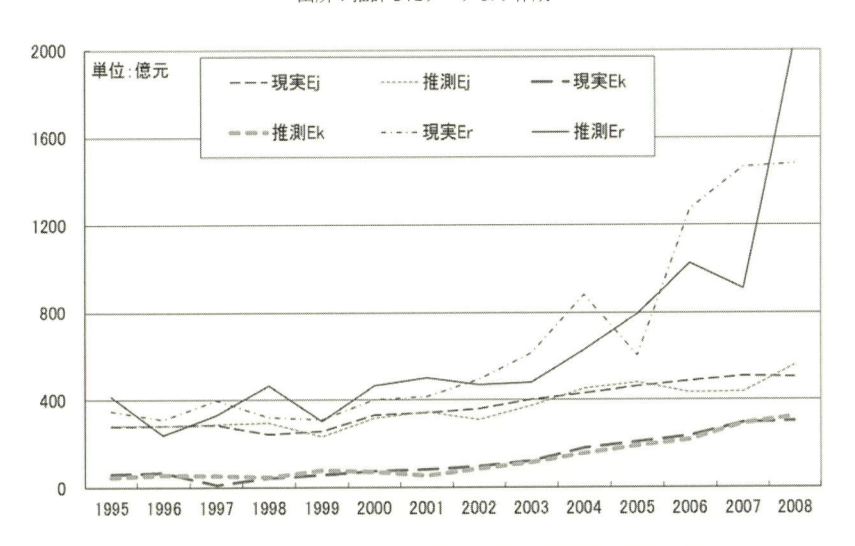

図7-2-27　遼寧1995～2008年実際のと推計の輸出金額の比較
出所：推計したデータより作成

　韓国について、推計輸出入金額は実際のの輸出入金額とやや離れて、10億前後の差がある。その他の国については、推計輸入金額と実際の輸入金額がかなり近い結果であり、推計輸出金額と実際の輸出金額は大きな差がある。

同じ遼寧の2000年時点でみると、日本からの推計輸入金額は217.79億元であり、実際の輸入金額が209.54であり、差が約8億元である。推計輸出金額が320.27億元であり、実際の輸出金額が332.27億元であり、両者の差が約12億元である。この時点では、推計金額は実際の金額とかなり近いことがわかる。韓国からの推計輸入金額は103.61億元であり、実際の輸入金額が110.38であり、差が6億元である。推計輸出金額が72.08億元であり、実際の輸出金額が75.18億元であり、両者の差が約3億元である。これに対し推計した他の国からの輸入金額が342.2億元であり、実際の輸入金額が291.38億元であり、両者の差が約50億元である。推計した他の国への輸出金額が467.97億元であり、実際の輸入金額が403.73億元であり、両者の差が約60億元である。推計輸入金額は実際の輸入金額よりやや高くなっていることがわかる。

2008年時点で最終的にみると、対日本推計輸入金額が411.23億元であり、実際の輸入金額が267.48億元であり、両者の差が2000年時点の約8億元から約150億元へと拡大した。そして、推計輸出金額が557.65億元であり、実際の輸出金額が504.1億元である。両者の差が2000年時点の約10億元から50億元へと拡大した。時間的にみると、1995年から2002年の間では、推計金額と実際の輸出入金額が僅かな差で伴に増加している。2003年から2008年推計輸出金額と実際のの輸出金額の誤差が徐々に拡大している。以上のことから、遼寧地域では、日本と韓国の推計輸出入金額が比較的実際の輸出入金額に近い結果を得た。一方、その他の国の推計輸入金額が実際の金額からやや離れて、過大評価していることがわかる。

次に全国的にみると、天津、内モンゴル、上海、江蘇、浙江、広東、重慶、四川、新疆などの地域では1995年から2000年までの間の推計輸出入金額が比較的に実際の輸出入金額に近い。2000年以降に推計金額と実際の金額の誤差が大きくなる傾向である。その中、天津、内モンゴル、上海、江蘇、浙江地域の推計輸入金額が実際の輸入金額より低く、推計輸出金額が実際の輸出金額により近いという特徴がある。それと、広東、重慶、四川、新疆地域では2000年以降、推計輸出金額が実際の輸出金額より大きく低いという特徴がある。

北京では、1995-2007年の間では推計輸入金額が実際の輸入金額とかなり近い金額を得ている。輸出金額が2000年以降も実際の金額より徐々に離れる特徴がある。内モンゴル、江西、広東地域では、推計の輸出入金額が1995年時点から実際のの輸出入金額と大きく離れて、特に推計輸入金額が実際の輸入金額より高く推定した。また、推計輸出金額も実際の輸出金額より大きいという結果となった。これらの結果からみると、推計誤差が大きい地域では改めて計算する必要がある。

第3節　中国各地域相手国別輸出入金額の予測結果

ここでは前節で導出した輸出入比率関数を利用して輸出量、輸入量の推定を行う方法についてみていく。まず、2020年の中国各地域の対日・対韓・対その他の国の輸出量、輸入量の推定を行う。そのための基本データとして各地域のGDPであるπの2020年の予測値を求める。その上で、このデータのGDPを回帰式から推定した2020年の輸入比率、輸出比率に掛けて、2020年における各地域の日本・韓国・その他の国からの輸入と輸出金額を求める。2020年における各地域のGDP値として、1995年〜2008年までの平均成長率で2008年の値を引き伸ばした値とする。こうして、一部地域の輸出入データが欠けて、また一部推計結果がうまく得られなかった地域を除いて、以下でこれらの地域を説明する。推計したデータを用いて、中国各地域の対日本・韓国・その他の国の2020年の輸出についてのべる。

また、2009年〜2019年の各地域輸出入金額も同様の方法で求めることができる。まず2009年〜2019年までの輸出入比率の予測値を、推定された輸出入比率関数の説明変数の予測値を代入して求める。次にこの2009〜2019年の輸出入比率に、2020年と同様の方法で得たGDPの予測値を乗じて、2009〜2019年の各地域輸出入金額を求める。

表7-3-1　2020年中国各地域対日本・韓国・その他の国別の輸出入金額

	2020年	推測Mj	推測Mk	推測Mr	推測Ej	推測Ek	推測Er
東部	北京	3646.84	3129.87	51158.34	832.26	1050.29	12510.98
	天津	2137.31	3848.64	5975.22	1422.14	1641.76	13766.75
	河北	186.26	95.86	3683.93	660.64	844.30	4186.06
	辽宁	2130.72	1319.74	8458.32	983.00	1510.03	9169.36
	上海	8978.91	5859.08	50820.51	3520.54	2513.00	57213.58
	江苏	11035.75	15378.97	59757.48	5846.07	5981.26	95421.31
	浙江	3105.37	2667.23	16705.28	2301.61	1950.28	56937.33
	福建	667.28	901.90	6354.92	2088.82	670.34	18260.32
	山东	949.87	2936.45	13635.26	1814.69	185.81	20427.23
	广东	31509.41	14765.63	15080.47	10240.61	3961.33	81448.31
	海南	29.58	19.33	1548.11	46.87	30.41	55.56
中部	山西	76.47	254.43	1330.22	7.15	39.32	1166.52
	内蒙古	74.22	597.30	1725.75	84.84	993.55	80.89
	吉林	463.60	137-25	1527.39	284.35	199.62	5.28
	黑龙江	46.95	39.16	1134.27	19.42	47.15	3661.31
	安徽	441.73	203.93	3681.60	136.08	200.05	3790.64
	江西	99.17	109.00	1429.32	43.16	53.52	821.42
	河南	116.28	24.32	1427.23	193.77	100.60	582.16
	湖北	420.83	129.21	1733.25	101.83	195.10	838.29
	湖南	55.95	88.46	418.41	1.44	210.20	1107.80
西部	广西	72.98	55.08	1074.33	25.41	51.75	93.98
	重庆	101.45	88.75	558.09	38.05	16.40	1810.28
	四川	261.89	175.75	1355.83	168.81	0.83	2390.56
	贵州	83.77	47.58	132.23	27.49	15.87	93.65
	云南	60.09	55.68	957.24	21.67	36.07	540.55
	陕西	17.00	27.12	351.66	87.34	4.03	283.09
	甘肃	18.80	28.89	1175.15	13.71	61.69	188.31
	青海	2.87	9.49	28.00	50.90	45.78	54.84
	宁夏	17.00	16.00	228.09	0.56	33.18	198.19
	新疆	7.95	3.33	618.39	9.14	132.43	4337.91

単位：億元　　出所：筆者作成

　図7-3-1から図7-3-3は遼寧地域の推計期間1995年～2020年までの対日本・韓国・その他の国からの予測輸入金額のグラフである。

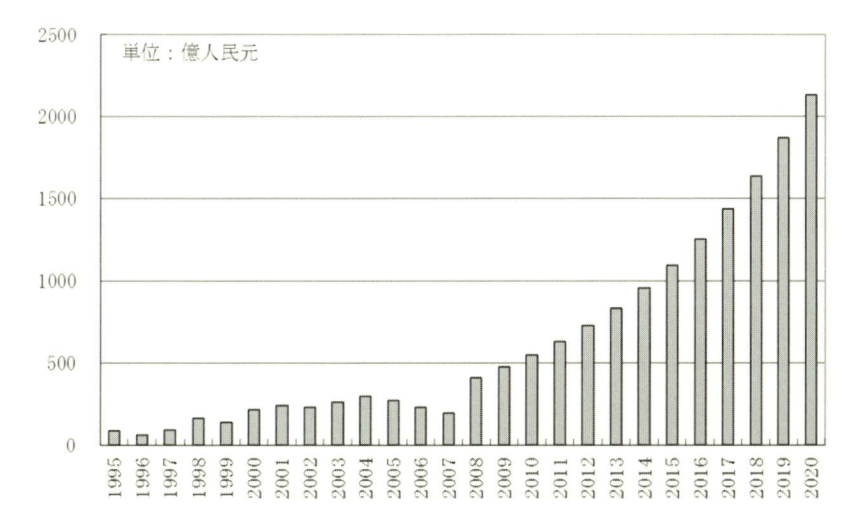

図7-3-1　推計した1995〜2020年遼寧の日本からの輸入金額
出所：推計値より作成

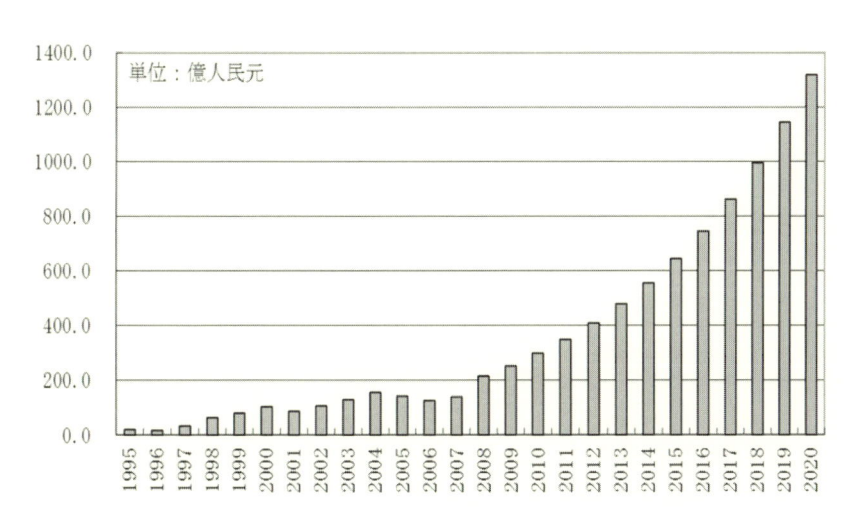

図7-3-2　推計した1995〜2020年遼寧の韓国からの輸入金額
出所：推計値より作成

　図7-3-1からわかるように、遼寧地域1995年では日本からの輸入金額が85.23億元であり、2020年になると2130.72億元となり、約25倍に輸入額が増

加すると予想される。続いて韓国からの輸入金額が1995年の17.76億元から2020年のGDPが1319.74億元へと増大する。これは2008年以降すべての推計結果が1995年〜2009年の増加率で計算したという前提での結果であるが、中国と日本・韓国の貿易規模がいかに速いペースで増加しているかを反映している。また、遼寧とその他の国からの輸入金額が1995年の116.29億元であり、2020年になると8458.32億元となる。2008年では日本・韓国からの輸入金額が遼寧の全体の輸入金額のそれぞれ19％と14％を占めて、両国を合わせると33％の貿易量を持つことがわかる。遼寧地域では、日本・韓国からの輸入量がいかに重要であるかが明らかである。さらに、その輸入貿易の増加ペースが速いということもわかる。

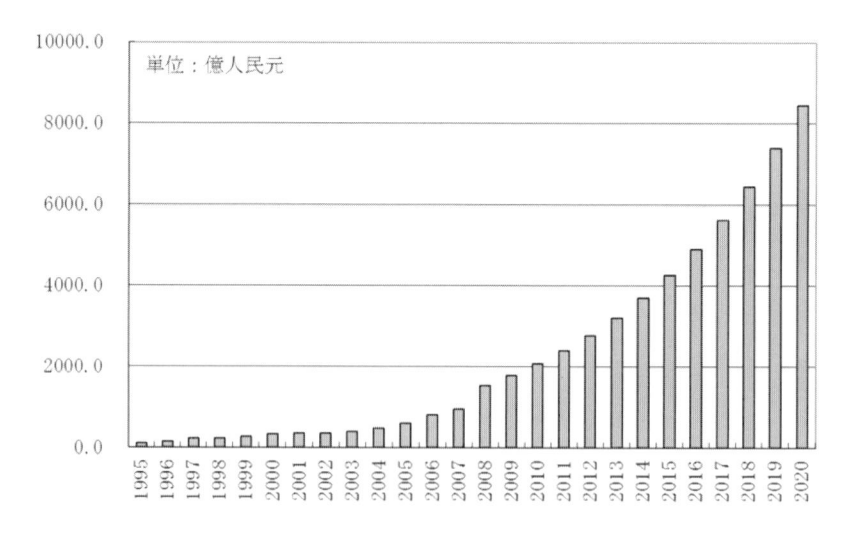

図7-3-3　推計した1995〜2020年遼寧のその他の国からの輸入金額
出所：推計値より作成

　図7-3-4〜7-3-6は輸出の面から見た遼寧対日本・韓国・その他の国との貿易関係。まず、遼寧地域対日本の輸出面では、1995年では282.53億元であり、2008年ピークの557.65億元となり、2020年まで983億元となっている。次に、対韓国の輸出金額は1995年の47-27億元から2020年の1510.03億元となる。こ

れは、遼寧と日本の間の輸出関係が成熟して伸びが止まる一方、遼寧地域と韓国の輸出関係は依然として発展するということを示す。

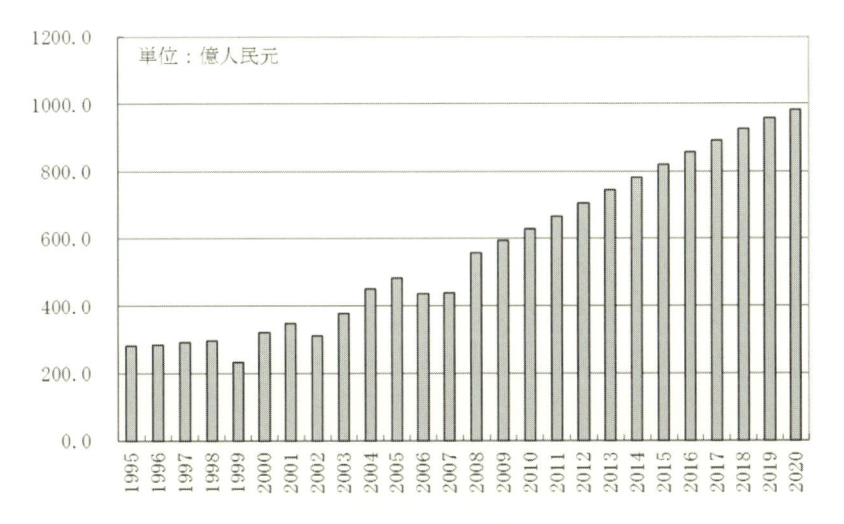

図7-3-4　推計した1995〜2020年遼寧の日本への輸出金額
出所：推計値より作成

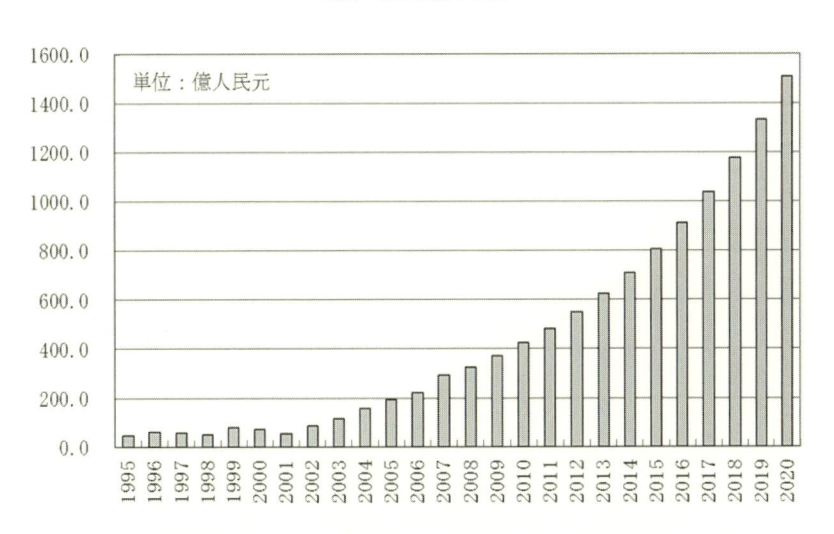

図7-3-5　推計した1995〜2020年遼寧の韓国への輸出金額
出所：推計値より作成

つぎに、遼寧地域対その他の国の輸出額は、1995年の415.62億元から強い増加ペースで増えて、2020年になると遼寧対その他の国の輸出額が9169.36億元となる。このなかで、遼寧対日本の輸出額、対韓国・その他の国の輸出額が依然高い伸び率で増加することがわかる。ここで遼寧だけでなく、中国各地域の対日本・韓国・その他の国の輸出入額を1995年、2010年と2020年と三段階に分けてその動きを観察する。まず輸入の面から見る。

これらの地域別ちがいをみると、北京、天津、河北、遼寧、上海、浙江、安徽、福建、山東、河南、湖北、海南、重慶、四川、陝西、新疆など30地域のデータを東部、中部、西部地域に分けて分析した。図7-3-7～図7-3-9はこの30の地域について推計した2020年まで中国各地域対日本・韓国・その他の国からの輸入額である。

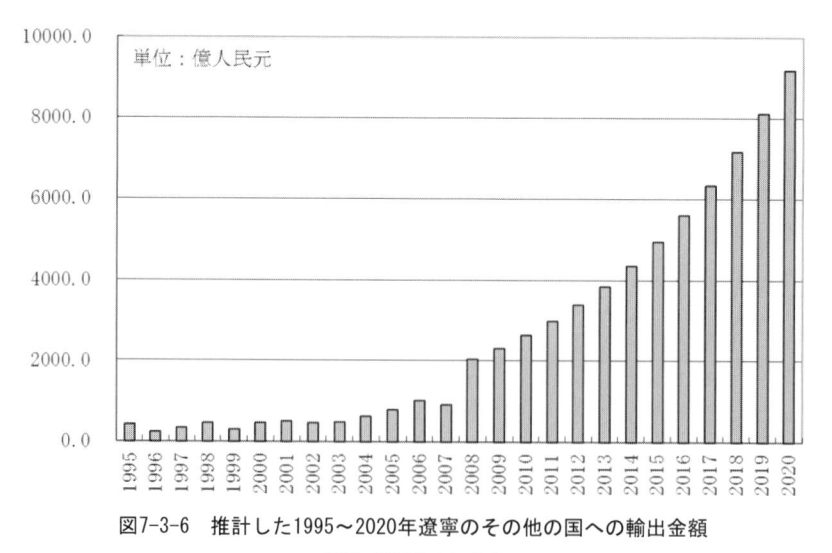

図7-3-6　推計した1995～2020年遼寧のその他の国への輸出金額
出所：推計値より作成

図7-3-7を見ると、東部地域では2020年の対日本輸入額は最も低い地域が海南であり、輸入額が29.58億元である。（あくまでもこれは現在の輸入を動かす価格増加率で推計した金額である。）輸入額の最も高い地域が広東の31509.41億元である。二番目は江蘇の11035.75億元であり、三番目は上海の8978.91億元で

ある。1000億元の輸入金額を超える地域は北京、天津、河北、遼寧、上海、江蘇、浙江、広東地域があり、また山東地域も949.87億元であり、2020年まで東部地域全体の日本からの輸入金額が大きく増加することが予測できる。

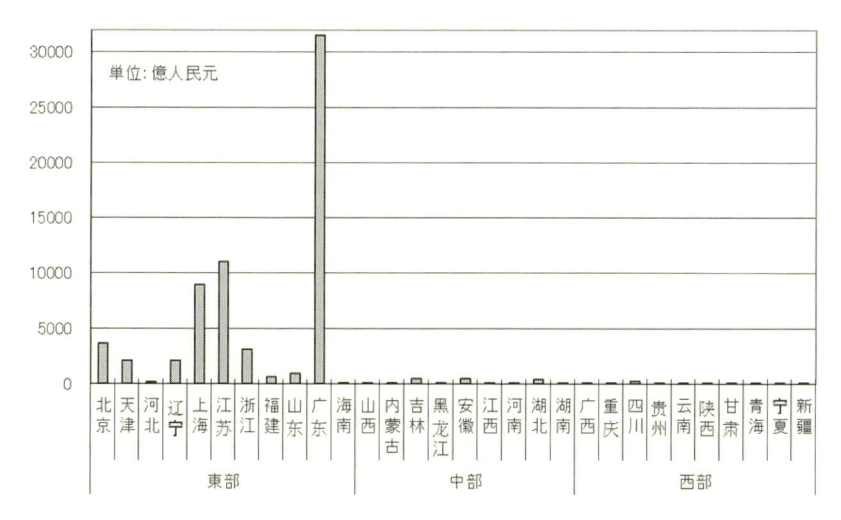

図7-3-7　推計した中国各地域2020年日本からの輸入金額

出所：推計値より作成

次に、中部地域の日本からの輸入量も増加し、このうち100億元を超えるあるいは近い地域は吉林、安徽、江西、河南、湖北地域である。中部地域の日本からの輸入額は東部に比べ小さく、これから大きく発展する余地がまだあるといえる。西部地域の2020年まで日本からの輸入金額は全体で最も低く、100億元超える地域は重慶、四川両地域である。また、中国各地域の対韓国の輸入量を見ると推計した2020年まで日本からの輸入金額と同じように東部地域が最も高く、その次が中部地域であり、西部地域が最も低い地域である。東部地域では最も高いのが江蘇の15378.97億元であり、つぎに広東の14765.63億元、上海の5859.08億元、天津の3848.64億元、北京の3129.87億元がくるが、いずれも3000億元以上の輸入金額である。

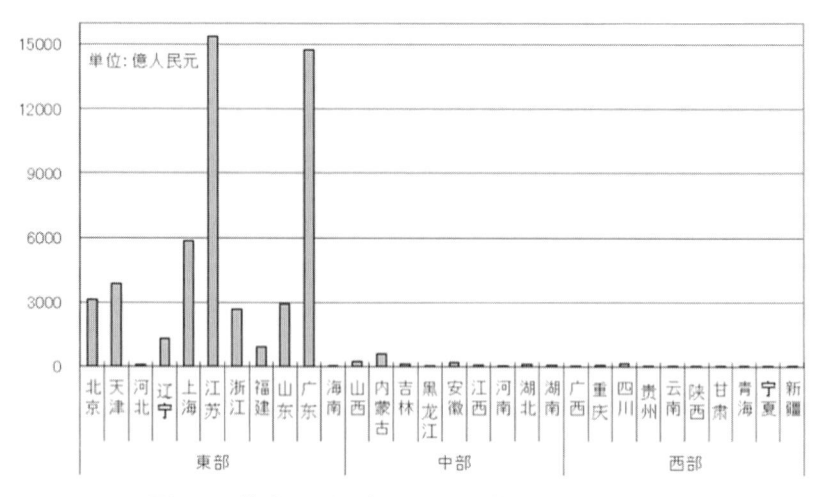

図7-3-8　推計した中国各地域2020年韓国からの輸入金額
出所：推計値より作成

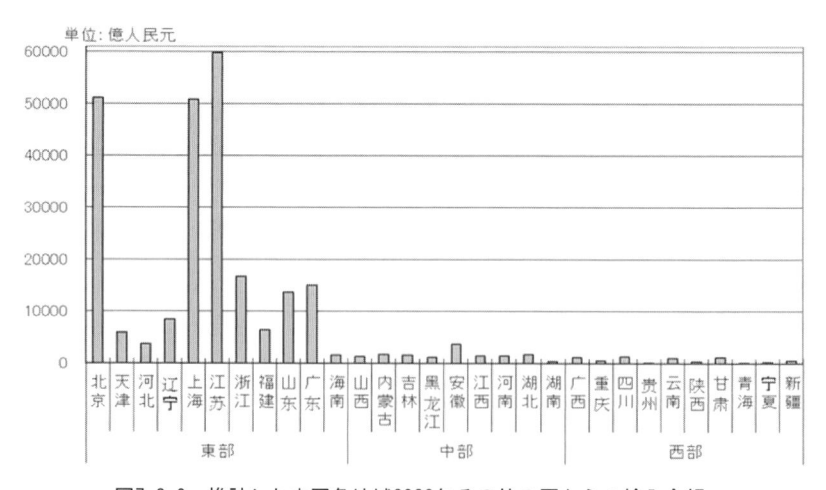

図7-3-9　推計した中国各地域2020年その他の国からの輸入金額
出所：推計値より作成

　そして、その他の国からの輸入額をみると、東部地域では10000億元を超えるかあるいはそれに近い地域が北京の51158.34億元、上海の50820.51億元、浙江の16705.28億元、山東の13635.26億元、福建の15080.47億元である。東部について高い地域は中部地域であり、中部地域は各省が全体的に近い輸入

金額を示していて、最も低いのは湖南の418.41億という推計結果であり、最も高い地域は安徽地域の3681.60億元である。

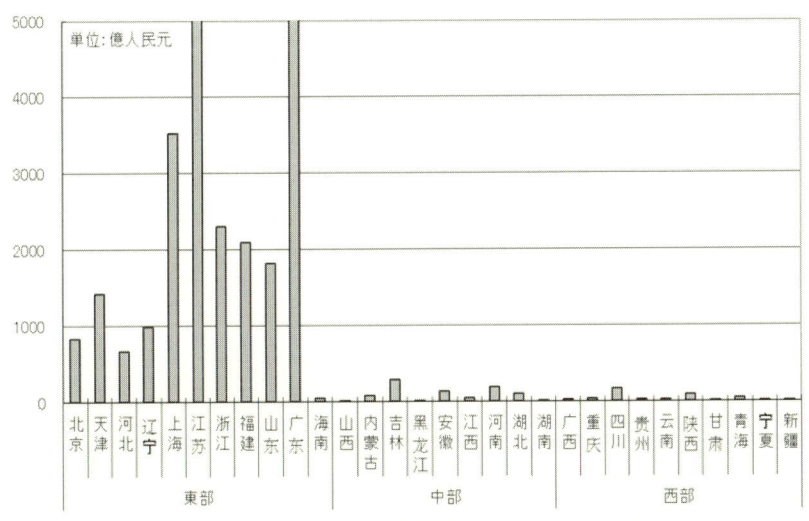

図7-3-10　推計した中国各地域2020年日本への輸出金額

出所：推計値より作成

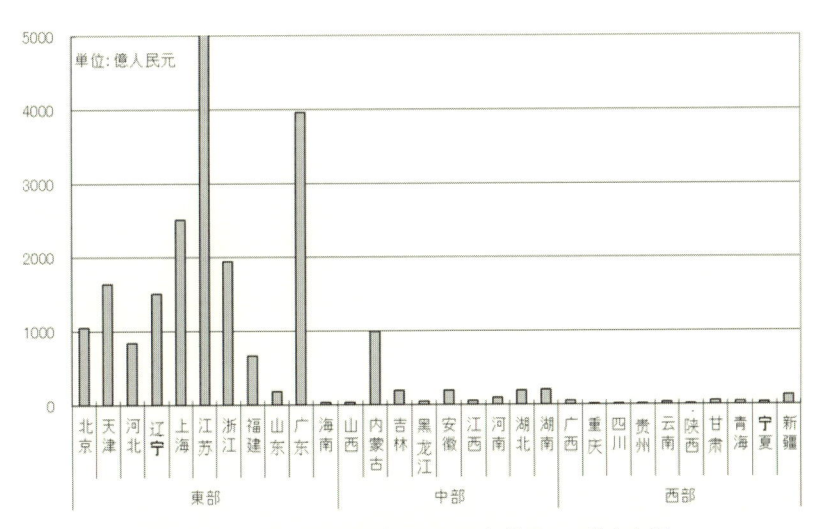

図7-3-11　推計した中国各地域2020年韓国への輸出金額

出所：推計値より作成

単位:億人民元

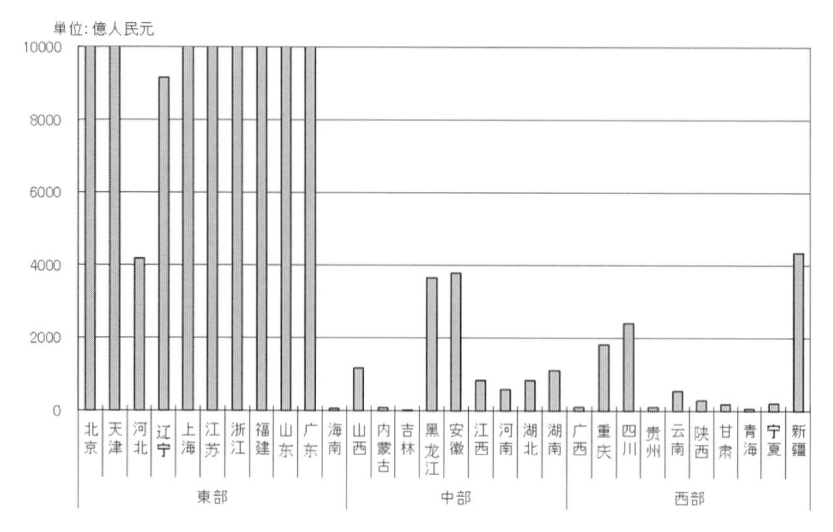

図7-3-12　推計した中国各地域2020年その他の国への輸出金額
出所：推計値より作成

　最後に西部地域のその他の国からの輸入額をみると、東部と中部地域に続いて、この地域では1000億の輸入額を超えるあるいはそれに近い地域は四川の1355.83億元、甘粛の1175.15億元、広西の1074.33億元と雲南の957.24億元である。最も低いのは青海の28億元である。

　上で推計した2020年まで日本、韓国、とその他の国からの輸入金額について分析したところ、東部地域が最も高く、次に中部地域、西部地域が依然と最も低い地域であるということがわかる。しかし、これらの推計した2020年まで日本、韓国、とその他の国からの輸入金額は、あくまでも現在の各地域のGDP平均増加率で推測していて、東部地域の輸入貿易がこのままずっと増加できるかどうかという疑問もある。しかも中国全体の経済発展によって東部地域の人件費は高くなって、中部、西部地域はこれから経済発展やインフラ整備の向上や東部地域の工場を人件費の安い内陸部への移転により、日本、韓国とその他の国からの輸入金額は推測した金額以上に増加する可能性も十分ある。

最後に、輸出の全体をみると、対日本の輸出では、広東がもっとも高い、その金額は2360.51億元であり、続いて上海の2018.37億元であり、次いで福建の1055.20億元となっている。対韓国の輸出額は対日本より少し低くなっている。600億元を超える地域は六つとなり、その中で、山東の1281.97億元、浙江1146.14億元、広東の1211.64億元、上海の765.76、遼寧の660.78億元、河北の663.44億元である。その他の国への輸出額をみると、もっとも高いのは浙江の40718.97億元である。100000億元を超える地域は上海の21658.62億元と福建の11722.59億元、山東の12117.06億元である。

第8章　自由貿易と持続可能性

第1節　自由貿易と環境

　第Ⅱ部では自由貿易が環境保全を伴う持続的発展にとっても望ましいという観点から、中国における貿易とくに輸入がどれくらい環境被害（CO_2排出量）の抑制に働くかを推計するための研究を行ってきた。輸入とCO_2排出量の関連を示すモデルを第6章に示した。ついで輸入量の予測を行うためのモデルビルディングを第7章で行った。ここで輸入量予測は、Kohli（1978）の方法に従って、トランスログ関数を用いた。

　経済発展と環境の両立を考えるためには目標値を考える必要がある。たとえば、中国政府は2020年にGDPあたりCO_2排出量を2005年比55％～60％にすると発表している。本章においては2020年におけるCO_2排出量を貿易が全く行われない場合と、2020年に予測する輸入量のもとでのそれと比較することで、貿易がCO_2排出量をどれくらいの大きさで引き下げるかを見た。だだし、ここで中国各地域の貿易相手国としては、韓国・日本のみ取り上げた。

　その理由は1990年代から中国各地域と日本との間の貿易が大きく拡大し、2000年代に入ると中国各地域と韓国との間の貿易が急速に拡大しているから、この両国との貿易の影響をみることが中国の輸入の環境への影響を見るうえで重要になると考えたからである。さらに、また、中国、韓国、日本間の経済活動の相互依存度は1990年代以降急速に高まって、この3国がEUほどではないが経済連合に近い形をもつようにみられたため、日本、韓国と中国各地域への輸入の環境への影響をCO_2排出量の変化で見ることの意味が大き

いと考えたことにもよる。

われわれは以下のモデルに基づいて、日本、韓国からのみの輸入の影響であるが、中国全体で（日本、韓国からの）輸入でCO_2排出量が4.8%削減していること、特に、東部地域では6.5%、中部地域でも5.7%削減していることを明らかにする。こうして、自由貿易と環境に関して、自由貿易は環境悪化を招くか、それとも環境改善につながるか、という問題に対して、我々の分析において、環境改善の効果が大きいという結論に達した。ただ、本章の分析では、中国各地域から日本や韓国への輸出などにより日本、韓国へどのような環境改善・悪化を生じているかの分析には入っていない。残された課題である。

第2節　輸入貿易がCO_2削減に与える影響の地域別分析

第6章では時系列分析の方法を適用して、中国各地域CO_2排出量とそれに影響を与える変数がどのような性質を持って推移しているかについて分析した。まず、中国地域別のCO_2排出量のデータに対して単位根検定を行い、多くの地域においてCO_2排出量の時系列に単位根が存在することを示した。これらの地域におけるCO_2排出量には単位根が存在するという帰無仮説を棄却できず、定常であるという帰無仮説も棄却されたことを示した。

第7章では、中国地域別のCO_2排出量と中国各地域のGDPおよび日本・韓国からの輸入と輸入からの影響があると思われるR&D資本との間の共和分の関係について分析し、共和分関係の存在を否定することはできないこと、中国のCO_2排出は中国の貿易に影響されていることを明らかにした。さらにその性質から導かれるCO_2排出量の構造について検討した。これらの結果を踏まえて、日中韓の貿易は持続的な経済発展に有意な影響を与え、また中国のCO_2排出削減にも直接影響しているという結論を得た。

本章では、さらに一歩進んで、中国各地域の2020年のBAU水準のCO_2排出量と、第7章で推計した2020年における中国各地域GDPおよび日本・韓国からの輸入価格の予測を利用し、CO_2排出量を比較する。

$$\ln C = \alpha + \beta_1 \ln GDP + \beta_2 \ln M_J + \beta_3 \ln M_K + \beta_4 \ln S^d \qquad (8\text{-}1)$$

　すなわち上式の回帰式を用いて2020年のCO_2排出量を推計し、輸入の伸びを考慮した場合としない場合の二つの場合でCO_2排出量がどうのように異なるのかを見る。

　上式でCはCO_2排出量、GDPは国内総生産、Mjは日本からの輸入量、Mkは韓国からの輸入量、S^dは国内のR&D研究開発資本を示す。(ここでは前章第2節で推計した2020年中国各地域のGDPおよび日本・韓国からの輸入金額を利用する。また、GDPおよびS^dは1990年から2010年までの平均増加率を計算し、2010年を基準に2020年まで平均増加率で延長外挿して計算したGDPとS^dを利用する)。輸入が、2008年までの現実の価格の変化と同じ率で2020年まで続いた時予想されるCO_2排出と単にCO_2排出が現状のままで増加していくときの値と比べて、輸入の伸びがある時の排出量がどんくらい少ないかをみる。表8-4をみるとCO_2排出の全国平均の変化率は4.9%となる。また、東部の平均変化率が6.5%で中部の平均変化率は5.7%で西部の平均変化率は2.3%である。こうして貿易によるCO_2排出量の変化が最も大きいのは中部地域であり、最も低いのは西部地域である。

　まず、第7章 (7-4-1) 式で計算した各地域のパラメータ (α、β_1、β_2、β_3、β_4) を再揚すれば以下の通りである。

　表8-2は、前章第7.2.5節で推計した2020年中国各地域GDPおよび日本・韓国からの輸入金額、さらにS^dについて1990年から2010年までの平均増加率を計算し、その平均増加率を用いて2010年を基準に2020年まで引き延ばした場合のデータを求めてそれにより、2020年の予測値を計算したものである。

表8-1　中国各地域回帰係数 α、β_1、β_2、β_3、β_4

		β_1	β_2	β_3	β_4	α
東部	北京	0.275	0.104	-0.01	-0.295	0.26
	天津	0.062	0.016	0.028	0.364	0.059
	河北	0.584	-0.179	0.221	0.107	0.105
	辽宁	0.215	-0.042	-0.048	0.215	-0.492
	上海	-0.15	0.113	-0.011	0.307	0.228
	江苏	0.589	-0.072	0.115	-0.034	0.107
	浙江	-0.262	-0.08	0.081	0.447	-0.023
	福建	0.131	-0.065	-0.004	0.667	-0.532
	山东	0.274	-0.178	0.018	0.352	-0.982
	广东	0.265	0.064	0.021	0.225	0.101
	海南	1.185	-0.141	0.097	0.59	-0.659
中部	山西	-0.169	0.025	0.091	0.412	0.68
	内蒙古	0.689	0.026	-0.03	0.237	-0.105
	吉林	0.115	0.027	0.011	0.391	0.079
	黑龙江	-0.481	0.054	-0.189	0.461	-0.809
	安徽	0.214	-0.051	0.067	0.227	0.002
	江西	0.394	-0.095	0.102	0.135	-0.114
	河南	0.735	0.126	0.07	0.013	1.19
	湖北	-0.015	0.077	-0.118	0.415	-0.498
	湖南	-0.126	0.056	-0.153	0.534	-0.98
西部	广西	0.567	0.184	0.259	-0.166	2.891
	重庆	-0.028	-0.088	0.013	0.363	-0.364
	四川	0.419	0.043	0.322	-0.287	2.055
	贵州	0.169	-0.047	0.03	0.435	-0.148
	云南	0.957	0.315	0.127	-0.181	2.725
	陕西	0.831	0.252	0.054	0.069	1.214
	甘肃	0.186	0.017	0.088	0.281	0.638
	青海	0.592	0.043	0.053	0.044	0.607
	宁夏	0.933	0.066	0.117	-0.071	1.176
	新疆	0.654	-0.122	0.195	0.114	0.429

出所：筆者作成

表8-2 2020年の予測値

2020年	単位：億元	GDP	Mj	Mk	Sd
東部	北京	15162.40	3646.80	3129.90	4275.80
	天津	34035.20	2137.30	3848.60	1865.30
	河北	44989.00	187.20	95.90	2524.10
	遼寧	41639.50	2130.70	1319.70	4753.90
	上海	31792.20	8978.90	5859.10	6187.90
	江蘇	105732.90	11035.70	15379.00	24203.20
	浙江	89446.20	3105.40	2667.20	17380.80
	福建	40758.00	666.40	901.90	3710.10
	山東	83185.30	949.90	2936.40	17462.60
	広東	113750.90	31509.40	14765.60	11305.40
	海南	3872.10	29.60	19.30	165.60
中部	山西	24132.10	76.50	254.40	1225.20
	内蒙古	44137.40	74.20	597.30	641.20
	吉林	24381.60	463.60	136.40	735.20
	黒龍江	22606.90	46.90	39.20	2213.00
	安徽	24163.50	441.70	203.90	3183.30
	江西	20862.90	99.20	109.00	1247.50
	河南	65054.10	117-2	24.30	3158.60
	湖北	32572.90	420.80	129.20	3680.80
	湖南	30785.30	56.00	88.50	2243.50
西部	広西	33115.40	73.00	55.10	609.40
	重慶	11687.80	101.40	88.70	1514.20
	四川	42052.40	261.90	175.70	3804.00
	貴州	10599.50	83.80	47.60	444.00
	雲南	24269.40	60.10	55.70	536.80
	陝西	24998.10	17.00	27.10	3329.80
	甘粛	9044.00	18.80	28.90	422.00
	青海	3900.70	2.90	9.50	105.30
	寧夏	6154.80	17.00	16.00	123.20
	新疆	12608.70	7.90	3.30	205.50

出所：筆者作成

表8-3　2020年の中国各地域のCO$_2$排出量の推計、
BAU排出量推計値と過去の排出量の平均増加率の量

2020年(万トン)		輸入の伸びを考慮した排出量lnC	輸入の伸びを考慮しない(BAU)lnC	対数を外したBAUのC	BAUと輸入の伸びありのln排出量の間の差	排出量差の対数を外したC
東部	北京	1.277	8.289	3978.982	7.012	1109.454
	天津	3.77	8.919	7474.181	5.149	172.279
	河北	7.235	10.957	57354.491	3.722	41.363
	辽宁	2.917	10.358	31509.559	7.441	1704.616
	上海	2.246	9.487	13184.283	7.24	1394.508
	江苏	6.969	10.816	49817.979	3.847	46.852
	浙江	1.437	10.628	41258.369	9.19	9799.925
	福建	5.883	10.063	23463.584	4.18	65.386
	山东	4.518	11.694	119893.904	7.177	1308.578
	广东	6.099	10.683	43614.215	4.584	97.922
	海南	11.854	9.133	9252.305	-2.722	0.066
中部	山西	2.597	10.689	43884.485	8.093	3270.597
	内蒙古	8.329	11.354	85341.867	3.025	20.595
	吉林	3.999	9.56	14189.376	5.561	260.122
	黑龙江	2.578	9.832	18614.954	7.253	1412.687
	安徽	4.065	9.73	16814.658	5.665	288.533
	江西	4.73	9.203	9923.439	4.472	87.554
	河南	9.997	11.019	61009.615	1.021	2.777
	湖北	2.646	9.943	20812.74	7.297	1475.612
	湖南	1.389	9.837	18717.923	8.448	4665.174
西部	广西	9.207	9.155	9464.032	-0.052	0.949
	重庆	1.676	9.253	10439.97	7.577	1953.733
	四川	5.924	9.933	20601.23	4.009	55.101
	贵州	3.9	9.862	19189.989	5.962	388.421
	云南	12.336	9.964	21254.817	-2.372	0.093
	陕西	10.645	9.981	21615.619	-0.663	0.515
	甘肃	4.308	9.21	10000.705	4.902	134.566
	青海	5.526	8.14	3428.975	2.614	13.657
	宁夏	8.613	10.319	30298.996	1.706	5.505
	新疆	6.899	9.544	13960.434	2.645	14.085

出所：筆者作成

　まず推計した2020年中国各地域GDPおよび日本・韓国からの輸入、S^{d}のデータを使って、2020年の中国各地域のCO$_2$排出量を求める。次に、この値をBAU排出量推計値とした過去の排出量の平均増加率で増加した場合のCO$_2$排出量

（2010年から2020年までの10年間排出が継続するとして計算した値）と比較する。最後に二つの場合のCO$_2$排出量がどうのように異なるかを比べて、輸入の伸びを考慮した排出量の低下分はBAU排出量の何％に当るかを見る。

　輸入の伸びがある場合とない場合のCO$_2$排出量の比較については (7-1-7) 式による2020年の中国各地域のCO$_2$排出量の推計値と、BAU排出量推計値（2010年から2020年までの10年間排出が継続するとして計算した値）の差をとって行った。

　表8-3において輸入の伸びを考慮したln排出量（第2列）と輸入の伸びを考慮しないln排出量（第3列）の差（第5列）を見る。また、第6列の値は第5列のln排出量差の対数をもとの値に戻したCO$_2$排出量差である。そのため第6列の値を第4列の値で割って削減率をみる。その結果表8-3のようになる。

　輸入の伸びによる各地域CO$_2$排出量削減が最も大きいのが東部地域の浙江（9799.93万トン）であり、中部地域では湖南も（4665.17万トン）の削減が著しく、西部地域では重慶（1953.77万トン）も削減が大きい。他に1000万トン以上のCO$_2$排出量削減になる地域は東部地域の北京（1109.45万トン）、遼寧（1704.62万トン）、上海（1394.51万トン）、山東（1308.58万トン）であり、中部地域の山西（3270.6万トン）、黒竜江（1412.69万トン）、湖北（1475.6万トン）がある。西部地域は重慶地域以外に1000万トン以上のCO$_2$排出量削減になる地域がない。

　以上の表8-2と8-3の結果により、東部地域では2020年までの日本・韓国からの輸入金額が他の地域より大きいため、輸入の伸びによる東部各地域CO$_2$排出量削減効果が最も大きい。また、中部地域もかなりのCO$_2$排出量削減効果が表れているが、そのうち内モンゴル地域と河南地域のCO$_2$排出量削減が小さい。この両地域の輸入の伸びが従来の平均増加率で計算した2020年の値とあまり変わらないからである。

　最後に西部地域では、重慶以外の地域のCO$_2$排出量削減が全て小さい。これは、われわれの推定した2020年中国各地域の日本・韓国からの輸入金額が従来の平均増加率で計算したためである。将来、中部地域及び西部地域の輸出入貿易がさらなる増加を考慮した場合、中部地域と西部地域のCO$_2$排出量削減はさらに削減することが期待できると思われる。

第 8 章　自由貿易と持続可能性　193

表8-4　輸入の伸びにより2020年BAU水準に対するCO_2排出削減率

		2020年BAU水準に対するCO_2排出削減率					
東部	北京	0.2788	中部	山西	0.0745	西部	广西	0.0001
	天津	0.0230		内蒙古	0.0002		重慶	0.1871
	河北	0.0007		吉林	0.0183		四川	0.0027
	辽寧	0.0541		黒龙江	0.0759		貴州	0.0202
	上海	0.1058		安徽	0.0172		云南	0.0000
	江蘇	0.0009		江西	0.0088		陝西	0.0000
	浙江	0.2375		河南	0.0000		甘粛	0.0135
	福建	0.0028		湖北	0.0709		青海	0.0040
	山東	0.0109		湖南	0.2492		寧夏	0.0002
	广东	0.0022		中部平均	0.0572		新疆	0.0010
	海南	0.0000					西部平均	0.0229
	東部平均	0.0652		全国平均	0.0487			

出所：筆者作成

　表8-4をみると全国平均のCO_2削減率は4.9％となる。また、東部の平均変化率が6.5％で中部の平均変化率は5.7％で西部の平均変化率は2.3％である。こうして貿易の伸びによるCO_2排出量の変化が最も大きいのは東部地域であり、最も低いのは西部地域である。

　ここで、さらに詳しく、省別の削減率を見ておこう。図8-1を見ると東部地域で貿易によるCO_2排出量削減率が最も高いのが北京（27.9％）であり、それから遼寧（5.4％）、上海（10.6％）、浙江（23.8％）などがある。平均して東部地域の貿易によるCO_2排出量削減率は6.5％である。貿易によるCO_2排出量削減率が低いのが河北（0.1％）、江蘇（0.1％）、福建（0.3％）、広東（0.2％）、海南（0.01％）である。東部地域は全国各地域の中で削減率が最も高くなっていることがわかる。

　中部地域において貿易によるCO_2排出量削減率が高いのは湖南（24.9％）であり、それから山西（7.5％）、湖北（7.1％）、吉林（1.8％）、安徽（1.7％）、江西（0.9％）地域である。最も低いのは河南（0.04％）である。中部地域の輸入によるCO_2排出量平均削減率が5.7％であり、全国の地域の中で二番目である。

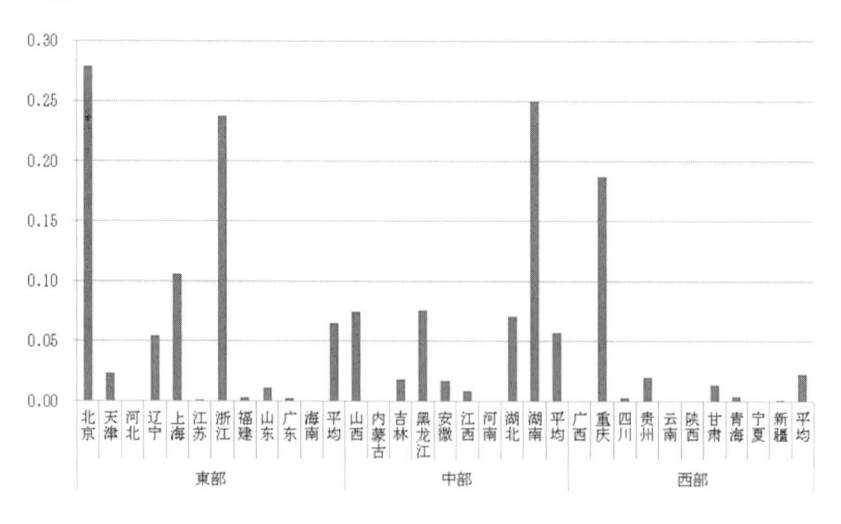

図8-1　輸入の伸びの影響よる2020年BAU水準に対するCO₂排出削減率

出所：表8-4より筆者作成

　最後に、西部地域において貿易によるCO₂排出量削減率の最も高い地域が重慶（18.7%）であり、次いで貴州（2%）、甘粛（1.3%）である。削減率が低いのは広西（0.1%）、雲南（0.004%）、陝西（0.02%）寧夏（0.02%）、新疆（0.1%）である。西部地域の輸入の伸びによるCO₂排出量平均削減率が2.3%であり、全国で最も低い地域である。

　こうして輸入の伸びによるCO₂排出量削減率が最も大きい地域は東部地域の6.5%であり、それから中部地域の5.7%であり、最後に西部地域の2.3%である。これによると、工業品の貿易が多い中部、東部地域では工業品の輸入によりCO₂排出量が強く抑制されていることが浮かび上がる。輸出入貿易が中国のCO₂排出量削減に効果的に働いている。これから経済発展していくとみられる西部地域も自由貿易を推進し、中部、東部地域のように環境改善を実施すべきであることがしめされるであろう。

おわりに

　最初に本論文全体のまとめを示す。本論文の第1章、中国を中心とする東アジアの持続的発展では東アジア地域の中で中国の経済発展と環境問題を紹介し、経済発展と環境問題、さらに中国と日本・韓国の国間や地域間の経済格差問題を結びつけて見ることの必要性を述べた。こうした問題を解決するための根本的な政策はいかに持続的な経済発展を維持するかということである。日本・中国・韓国における格差問題は主に都市部と農村部の所得格差である。[28] 日本と韓国ではそれほど大きな格差はないが、所得格差問題は中国で顕著になっている。中国東部地域の高度経済発展により、内陸地域の農民たちはより高い所得を求めるために沿海地域の都市へと移動する現象が、今や中国の貧富の差の典型的な例として知られている。

　我々は3大区分法（新）を利用して、中国を三つの地域に分けて、1995年から2008年までの14年間における中国の省、自治区、直轄市別のデータを『中国統計年鑑』(1997-2009)から取り、中国各地域の特徴を経済の面から観察する。まず要因分析で中国各地域のCO_2排出の現状と原因を明らかにし、その上で現段階の中国各地域のCO_2排出削減費用を推定した。また時系列分析、パネルデータの分析により日本と韓国からの輸入と中国各地域のCO_2排出量との相関関係を確認した。

　中国政府は2020年までの温室効果ガスを国内総生産（GDP）あたりの二酸化炭素（CO_2）排出量を2005年比で40％から45％削減するという目標を示している。そこで2020年を一つの目標年と考え、中国各地域の日本と韓国からの輸入関数を推定し、2020年までに輸入の伸びを考慮したCO_2排出量と輸入の伸びを考慮しない場合のCO_2排出量を比べた。

　その結果、日本と韓国からの輸入の伸びを考慮した場合の汚染削減率が比較的に高いので、中国と高度な技術をもつ日本・韓国と貿易を深めることに

---

[28] 浅沼信爾・鈴木和哉(2008年)「東アジアの経済発展と格差問題」総合研究開発機構NIRAモノグラフシリーズ

よって、環境と経済発展が両立するという意味での持続的発展は達成できるという結論を導いた。

次に、各章の要約に入ろう。第2章では過去20数年間の中国の年平均9％近くの経済成長とこれに伴うエネルギー―環境問題に着目して、また経済発展の地域格差によって環境問題が複雑になることから、地域別の環境対策に対する研究が必要であることを述べる。次に中国の地域別のエネルギー消費データを利用して、CO_2の排出量を省別に推計した。中国経済発展の過程でおこるCO_2排出量の変化によって各地域の地域性を明らかにするため、中国の地域別CO_2排出量変化の要因分析を行った。その結果、東部のCO_2排出は、経済発展によることがわかる。中部と西部のCO_2排出は、産業構造とエネルギー利用効率の低さによることがわかる。全体として、第二次産業経済発展要因が大きく働いている。中国の大気汚染問題はそのエネルギー消費構造と密接な関連を持っている。即ち、基本的に産業発展、生活水準の向上が起きたにも関わらず、技術水準が低いために熱効率が低く、GDP当たりのエネルギー消費が多いことや、一次エネルギーの70％が石炭で占められていることからCO_2排出量は相対的に一層多くなっている。また、一人当たりCO_2排出量の変化についても要因分析した。一人当たりCO_2排出量変化は、東部が最も高く、その次は中部、最後は西部である。東から西へと徐々にCO_2排出が下落しているという結果を得た。

中国全体としての都市人口比率は30％程度で、そう高くはない。しかし経済活動は、比較的に都市部に集中しており、都市は巨大化しており、東部地域つまり沿海部を中心に労働集約型産業が集中している。このような産業構造はエネルギー産業やCO_2排出量を高めて、その地域の汚染排出を増加させる結果となっている。また、一次エネルギーの70％が石炭で占められていることからCO_2排出原因の大部分を占めている。

ここで注意すべき点は第2章で推定したCO_2排出増加要因の一つである産業構造要因である。本来この要因は第2次産業の規模の減少によって、産業構造要因からのCO_2排出も減少するのではないかと思われるが、実際の結果はCO_2排出は増加を示す一方である。しかしこれは、中国の産業分類の性質によ

るのであり、CO_2排出が中国の第二次産業規模の増加によって説明できるためによる。第3次産業の中に電力、ガス、運送業界が含まれている。確かに近年中国の経済発展に伴い第二次産業の規模が徐々に減少しているが、経済規模の拡大によって、人々の所得が増加し、車社会への進行による車の普及と物流産業の発達が年々増加している。また、電力需要量の拡大など、第三次産業中心のエネルギー消費量は爆発的に増加している。特に、中国では約70％の発電所は火力発電所であり、そのCO_2排出量も非常に高いという理由によりCO_2排出がどんどん増加するというような現実も考えられる。

第3章では環境クズネッツ曲線の推計を取り上げた。経済成長が環境に与える影響を分析する際に、環境データを被説明変数とし、1人当たり所得データや所得データの2乗、3乗を説明変数とする回帰式を用いて、中国各地域環境クズネッツ曲線の分析をした。つまり、経済発展により環境に配慮した持続的可能な経済発展が可能であるという立場に立ち、環境問題と経済発展の両立は実現可能であるという考えに基づいて、まず中国の環境と経済問題の関係を細かくみていた。中国経済発展の過程で所得の変化に伴うCO_2排出量の変化について各地域の地域性を見て、中国のCO_2排出量はどういう特徴を示しているかを明らかにした。1995年から2008年までのCO_2排出量のデータを用いて、各地域の環境クズネッツ曲線を検証した。

一見してほとんどの地域は経済発展に伴いCO_2排出量は単調増加しているが、高い1人当たり所得の地域と低い1人当たり所得の地域で増加ペースは違う。中国のエネルギー事情から見れば、東部地域の高所得地域は積極的にエネルギー構造を転換し、これからは一層の経済発展にともない汚染の集約度が低下することが予測される。また、低所得地域では、これからエネルギー消費の需要が増えて、汚染の集約度が増加することが予想される。

第4章ではCO_2削減費用という面から持続可能性問題を検討した。中国の現行の省級別の行政地域、各地域のCO_2限界削減費用を推定し、その地域別特色を検討した。つまり、各地域に要請されるCO_2削減率に応じて各地域の限界削減費用はどのように変化していくか、どの程度の負担になるのかを分析した。中国政府の公式の削減目標として提示されている中国全地域の共通の環境質

目標とてしてどのような削減率を目指すのが効率的であるかについて考察した。中国政府は公式にはGDP当たり汚染排出量を2020年において、2005年から0.4〜0.45倍削減した水準に抑えるという目標を明らかにしているので、その目標を達成する場合の、限界削減費用を推定した。中国の行政地域区分別に限界削減費用を推計した。サンプル期間は、1995〜2008年とした。A. Yiennaka et alや中野のように、粗付加価値生産関数を考え中国の限界削減費用を推定した。各地域の粗付加価値は『中国統計年鑑』各年版から得た。CO_2排出量は中国の『能源統計年鑑』掲載のエネルギー消費量から、係数をかけて推定した。

最も限界削減費用が高いのが広東0.861643万元/トンであり、最も低いのが、寧夏0.002241万元/トンと、その格差は384倍に及ぶことがわかる。この地域類型の違いによる限界削減費用を見たとき、沿岸工業都市型が0.431154万元/Cトンと最も高く、ついで、都市型0.3523640.142万元/Cトン、内陸発展途上型が0.202866万元/Cトン、その他型は0.198144万元/Cトンと最も低い値を示した。一見して経済発展と高い限界削減費用の相関が見受けられる。沿岸工業型や都市型地域では、経済発展とともに汚染排出が減少する、1人当たりGDPと、汚染水準の削減に向けての努力との関係を示す環境クズネッツ曲線の右下がり部分に該当していると考えられる。

内陸発展地域において限界削減費用が経済発展とプラス相関を持つことが分かる。これらのことから、1人当たりGDPと、汚染水準の削減に向けての努力との関係を示す環境クズネッツ曲線の右上がり部分に内陸発展途上地域が該当していると考えられよう。

第Ⅱ部では、第Ⅰ部の分析を踏まえて、環境と経済発展が両立するという意味で持続的発展を達成するために自由貿易とくに輸入が果たす役割に焦点を当てる。貿易により各国が必要な商品を自国で生産せず、資源の無駄が少ないそしてエネルギー消費も少ない効率的方法で生産するようになるからである。第5章では、CO_2排出量と経済発展(GDP)、貿易(特に輸入)との間の関係を時系列データを使った回帰式で見ていく準備として、単位根検定を行った。中国地域別のCO_2排出量の時系列データに対して単位根検定を行い、多く

の地域においてCO₂排出量の時系列単位根が存在することを示した。これらの地域のCO₂排出量には単位根が存在するという帰無仮説を棄却できず、また定常であるという帰無仮説も棄却された。また、中国地域別のCO₂排出量と中国各地域のGDPおよび日本・韓国からの輸入と輸入からの影響があると思われるR&D資本との共和分の関係について分析し、共和分関係の存在を否定することはできない、中国のCO₂排出は中国の貿易に影響されていることが明らかにした。

また、CO₂排出量と輸入との間の回帰式を求めるため、中国のCO₂排出量の時系列について分析を行ったものである。当初述べたように、CO₂排出量は年々増加しており定常な時系列であるとは言いがたい。単位根検定により、その推移が定数項付き定常であるか、あるいはドリフト付きランダム・ウォークであるかを検定したところ、中国の東部、中部及ぶ西部地域系列のいずれの系列についても単位根の存在を棄却することができなかった。つまり、ドリフト付きランダム・ウォークとなる。そこで、CO₂排出関数を想定して、所得要因及び輸入要因と国内R&D研究開発資本要因についても単位根検定を行ったところ、それぞれがI(1)変数であることも判明した。

次にわれわれの結果にを他の研究結果と比較した。Eunho Choi, Almas Heshmati and Yongsung Cho (2010) では、韓国の場合には、単位根検定の結果は、CO₂のt値が-1.9837であることを示している。したがって、非定常性の帰無仮説は棄却できない。ADF検定統計量は、関心のある変数に対するt値である。ADF検定統計量の絶対値が1％または5％有意水準のような特定の値より小さい場合は帰無仮説を棄却することはできない。その結果は、時系列のそれぞれが1％水準で非定常であることを示している。一回階差を取られた場合CO₂排出量は非定常という帰無仮説ははっきりと1％の有意水準で棄却される。その結果として、一回階差を取ったCO₂排出量は非定常性がなくなる。他のどの変数も同様である。中国と日本の例でも変数の一回階差の変換を行うとき、非定常が取り除かれた。

第6章は中国地域別のCO₂排出量と中国各地域のGDPおよび日本・韓国からの輸入と輸入からの影響があると思われるR&D資本との共和分の関係につい

て分析し、共和分関係の存在を否定することはできないことを示す。第6章と第7章で時系列分析、パネルデータ分析などにより日本と韓国からの輸入は中国各地域のCO$_2$排出量との相関関係を確認した。しかし、日本と韓国からの輸入はCO$_2$排出量へ一定の影響を持つが、その影響の大きさと影響の範囲がそれほど大きくないという現実もある。

　第7章では、一国の経済の中で大きな比重を占める貿易に焦点を当てた。貿易活動も人類の経済活動の一環である。また、貿易量とくに中国の日本・韓国からの輸入量が中国の環境に影響を与えていることから、日中韓の間の貿易量の相互依存関係を分析した。そこで、日本・中国・韓国の輸出入関数を推計し、各国の輸出や輸入の所得弾力性と価格弾力性を求めて、貿易連関モデルを作成した。

　第8章はこれらの結論を踏まえて、さらに一歩を進んで、第4章で推計した2020年のBAU水準の中国各地域のCO$_2$排出量と、第7章で推計した2020年における中国各地域GDPおよび日本・韓国からの輸入金額を利用して、日本・韓国からの輸入の影響を取り入れた場合の2020年のCO$_2$排出量を推計した。この上で自由貿易がある場合とない場合の二つの場合のCO$_2$排出量がどのように異なるのかを見た。輸入の伸びを考慮したCO$_2$排出量と輸入の伸びを考慮しないCO$_2$排出量の差、またBAU排出量の値で割って削減率をみた。その結果、輸入が2008年までの現実の価格の変化と同じ率で2020年まで続く時のCO$_2$排出と単にCO$_2$排出が現状のままで増加していくときの値と比べて、輸入の伸びがある時の排出量がどのくらい少ないかをみる。

　輸入の伸びによる各地域CO$_2$排出量削減が最も大きいのが東部地域の浙江（9799.93万トン）であり、中部地域では湖南（4665.17万トン）の削減、西部地域では重慶（1953.77万トン）の削減が大きい。他に1000万トン以上のCO$_2$排出量削減になる地域は東部地域の北京（1109.45万トン）、遼寧（1704.62万トン）、上海（1394.51万トン）、山東（1308.58万トン）であり、中部地域の山西（3270.6万トン）、黒竜江（1412.69万トン）、湖北（1475.6万トン）である。西部地域は重慶地域以外に1000万トン以上のCO$_2$排出量削減になる地域がない。

　東部地域では2020年までの日本・韓国からの輸入金額が最も大きいため、

輸入の伸びによる東部各地域CO_2排出量削減効果も最も大きい。次に、中部地域もかなりのCO_2排出量削減効果が表れているが、そのうち内モンゴル地域と河南地域のCO_2排出量削減が少なく、この両地域の貿易量が従来の平均増加率で計算した2020年の値との差が小さいからである。

西部地域では、重慶以外の地域のCO_2排出量削減が全て小さい。これは、われわれの推定した2020年中国各地域の日本・韓国からの輸入金額が従来の平均増加率で計算したためである。将来、中部地域及び西部地域の輸出入貿易がさらなる増加を考慮した場合、輸入による中部地域と西部地域のCO_2排出量削減はさらに大きくなることが期待できる。全国平均の変化率は4.9％となる。また、東部の平均変化率が6.5％、中部の平均変化率は5.7％で、西部の平均変化率は2.3％である。こうして貿易によるCO_2排出量の変化が最も大きいのは東部地域であり、最も低いのは西部地域である。

最後に、本論文の分析結果から得た政策的インプリケーションについて述べておく。環境を配慮し経済発展により汚染物質を削減しようとした場合では、汚染削減には多額の費用が発生する。この削減費用はどの国に対しても巨額な費用である。従って、汚染削減費用を少なく、経済発展への影響を最小限に抑えた環境政策が求められる。中国の立場で考えると、最先端の省エネ技術や汚染削減技術などを持たない中国において、汚染を削減するために経済発展を抑えながら環境を最優先することが求められるがこれは恐らく不可能である。

しかし、日本・韓国のような先進諸国は高度な経済成長を経験し、今や多くの省エネ技術と費用を最小限に抑える汚染削減技術を持っている。しかも、日本・韓国の両国は地理的に中国に最も近いし、日中韓三国は互いに最重要な貿易相手国であることから、日本・韓国からの省エネ技術や汚染削減技術を導入することは中国にとって不可欠である。特に2000年以降の石炭消費量は急激に増えて、これに対して石油、天然ガスなどのクリーンエネルギーはそれほど伸びていなかった。中国大気汚染物は主に石炭などの化石燃料から排出されるから、汚染排出の少ないクリーンエネルギーへの転換により、その排出削減効果が期待できると思われる。

本論文では、CO_2排出量の削減を直接的な汚染削減投資以外に、環境先進国の日本・韓国からの輸入の拡大により達成できるのではないかという観点にたち、中国各地域の日本と韓国からの輸入関数を推定し、2020年までに輸入の伸びを考慮したCO_2排出量と輸入の伸びを考慮しない場合のCO_2排出量を比べた。

　その結果、日本と韓国からの輸入の伸びを考慮した場合の汚染削減率が比較的に高いことが明らかとなった。中国と高度な技術をもつ日本・韓国と貿易を深めることによって、中国の汚染集約的な生産物の生産を減少させ、環境と経済発展が両立するという意味での持続的発展が可能であることを示した。

参 考 文 献

［1］ 浅沼信爾・鈴木和哉（2008年）「東アジアの経済発展と格差問題」総合研究開発機構NIRAモノグラフシリーズ
［2］ 于文浩（2009）「中国における地域経済格差の動向」中央大学経済研究所Discussion Paper Series No.133
［3］ 王鵬飛（2011）「中国各地域CO_2排出量変化とその要因分解に関する研究」広島修道大学『経済科学研究』第14巻　第2号
［4］ 王鵬飛（2011）「中国各地域環境クズネッツ曲線の推定」広島修道大学『修大論叢』第33号
［5］ 加藤久和（1999）「わが国電力需要の推移とその構造：時系列分析による検討」『社会経済研究―電力経済研究No.37』
［6］ 佐々波陽子・浜口　登・千田亮吉（1988）『貿易調整のメカニズム輸出入のミクロ的基礎』文真堂
［7］ 坂本博（2005）「中国の省間所得格差：動向を知る」国際東アジア研究センターWorking Paper Series Vol.2005-09
［8］ 白砂堤津耶（2009）『例題で学ぶ初歩からの計量経済学』日本評論社
［9］ 中国国家統計局（2010）『新中国60年统计资料汇编』
［10］ 高橋海媛（2011）「中国各地域の解説と新たな成長地域として注目高まる中国西部・中部」三井物産戦略研究所アジア室
［11］ 中国国家統計局『中国商業年鑑』(1990年～2011年版)
［12］ 中国国家統計局『中国統計年鑑』(1990年～2011年版)
［13］ 中国国家統計局『中国能源統計年鑑』(1990年～2011年版)
［14］ 中国国家发展和改革委员会能源研究所（http://www.eri.org.cn）
［15］ 張宏武（2003）『中国の経済発展に伴うエネルギーと環境問題：部門別・地域別の経済分析』渓水社
［16］ 時政　勗（2011）『環境経済学の視点―経済・統計分析入門』牧野書店
［17］ 時政　勗（2001）『環境・資源経済学』中央経済社
［18］ 時政　勗（1999）『経済学＝基礎と方法』牧野書店

[19] 時政 勖・王鵬飛 (2009)「中国各地域と日本、韓国間のCO$_2$排出権取引の利益の推定について」日本資源エネルギー学会

[20] 時政 勖・王鵬飛 (2011)「中国各地域、日本、韓国間のCO$_2$排出権取引の利益推定」広島修道大学『経済科学研究』第15巻 第1号

[21] 時政 勖・王鵬飛 (2011)「中国の地域別CO$_2$限界・平均削減費用の推定と環境政策に対する含意」広島修道大学『経済科学研究』第14巻 第2号

[22] 羅 朝揮・時政 勖 (2009)「中国各地域、日本、韓国間SO$_2$排出権取引の便益推定」時政勖・細江守紀編『応用経済学の課題と展開』勁草書房2009

[23] 中野牧子 (2004)「地球温暖化対策としての経済的手段と規制的手段の費用比較」『国民経済研究』190巻 5号

[24] 日本経済産業省資源エネルギー庁『日本エネルギー白書 2009』

[25] 日本エネルギー経済研究所財団法人 (2010)『EDMCエネルギー経済統計要覧2010』省エネルギーセンター

[26] 縄田和満 (2009)『EViewsによる計量経済学分析入門』朝倉書店

[27] 柳 小正・真柄 欽次 (2007)「中国のエネルギー問題に関する研究課題」『北東アジア研究』第13号

[28] 張 継偉・山口 馨 (2006)『見直し修正進む中国のエネルギー・経済統計とその示唆』日本エネルギー経済研究所

[29] 山田光男・木下宗七 (2006)『東アジア経済発展のマクロ計量分析』中京大学経済学部付属経済研究所

[30] 和合肇・伴金美著 (1988)『TSPによる経済データの分析』東京大学出版会

[31] "BP Statistical Review of World Energy 2009" BP Amoco

[32] Copeland B. R. and M. S. Taylor (1994), "North-South trade and the environment" Quarterly Journal of Economics 109 (3)

[33] Dickey, D. A and W. A. Fuller (1979), "Distribution of the Estimators for Autoregressive Time Series with a Unit Root", Journal of the American Statistical Assosiation, 74

[34] Eunho Choi, Almas Heshmati and Yongsung Cho (2010) "An Empirical

Study of the Relationships between CO_2 Emissions, Economic Growth and Openness" IZA Discussion Paper No. 5304 November 2010

[35] Grossman, G. M., and A. B. Krueger (1991), "Environmental Impacts of a North American Free Trade Agreement", NBER Working Paper No. 3914.

[36] Kohli, U. R. (1978) "A Gross National Product Function and the Derived Demand for Imports and Supply of Exports" Canadian Journal of Etonomics, Vol. 11, No. 2

[37] L. R Christensen, Jorgenson and Lawrence J. Lau (1973) "transcendental logarithmic Production Functions" The review of Economics and Statistics, Volume 55

[38] Shafik, N. and S. Bandyopadhyay (1992), "Economic Growth and Environmental Quality: Time Series and Cross-country Evidence", Background Paper for the World Development Report 1992, WPS904, The World Bank, Washington DC.

[39] Shi Linyuna and Zhang Hongwu (2011) "Factor Analysis of CO_2 Emission Changes in China" Energy Procedia Volume 5

[40] The World bank (1993) "The East Asian Miracle: Economic Growth and Public Policy" (World Bank Policy Research Reports)

[41] Johansen. S (1988), "Statistical Analysis of Cointegration Vectors", Journal of Economic Dynamics and Control, 12

[42] Yiennaka. A, H. Furtan and R. Gray (2001) "Implementing the Kyoto Accord in Canada: Abatement Costs and Poloicy Enforcement Mechanisms", Canadian Journal of Agricultural Economicds 49

索 引

1
1次エネルギー消費, 9

A
ADF検定 (テスト), 76, 77, 81, 114, 199

C
CO_2原単位要因, 10, 11, 15, 22, 23, 27
CO_2排出削減費用, 8
CO_2排出量の要因分析, 24
CO_2排出量変化, 21
CO_2排出量変化の要因分析, 25

D
DFテスト, 76

E
ECM, 122, 123, 124, 125, 126, 127
E-G二段階検定, 114, 115
EKCの逆U字曲線, 71
EKC仮説, 13
Environmental Kuznets Curve, 39

F
Fテスト, 76, 77, 129, 130

G
GEMS, 40
Grangerの因果関係, 87, 88, 89, 90

H
Hausman検定, 135, 136

K
KPSS検定, 76, 78, 79, 83

N
N字型クズネッツ曲線, 55

R
R&D研究開発資本, 79

S
Simple Average Divisia methods法, 26, 35

あ
硫黄酸化物, 2
因果関係, 72
インパルス反応関数, 85, 93, 94, 98, 100, 102, 110
エネ原単位要因, 11

エネルギー消費原単位要因, 10, 11, 16, 22, 23, 27
エネルギー消費構造, 26
エネルギー消費量, 62
エラーコレクションモデル, 122
沿海地域, 3
汚染削減, 2, 58
汚染の限界生産物価値, 61
汚染物質濃度, 39
汚染を削減, 2
温室効果ガス, 8, 10

か
海外直接投資, 12
改革開放, 5
回帰分析, 43
階差, 82
開放度, 10
化石燃料, 57
茅の恒等式（式）, 11, 21, 27
環境汚染物質, 40
環境クズネッツ曲線（カーブ）, 13, 38, 39, 40, 41, 43, 44, 45, 46, 47, 48, 49, 50, 51, 52, 53, 54, 55, 67, 69, 197, 198, 203
環境負荷, 35
環境保護政策, 9
環境保全, 186
技術効果, 40

技術進歩, 60
技術波及の効果, 36
規模効果, 40
規模要因, 28
帰無仮説, 72
共和分関係, 115
共和分検定, 113
クズネッツ曲線, 38
クリーンエネルギー, 36, 201
計画経済, 9
経済格差, 17
経済規模, 30
経済厚生, 12
経済発展, 3
決定係数, 61
限界削減費用, 57, 58, 59, 60, 61, 62, 63, 64, 65, 66, 67, 68, 69, 70, 197, 198
研究開発資本, 73
構造効果, 40
構造要因, 11
高度成長, 3
国際化, 31
国際貿易, 13
固定効果モデル, 128, 129, 130, 135

さ
削減コスト, 53

産業構造, 8
産業構造変化, 56
産業構造要因, 10, 16, 22, 23
産業部門, 12
酸性雨, 2
自己回帰, 75
自己ラグ, 123
市場経済, 9
持続可能な発展, 137
持続的発展, 186
収穫一定の仮定, 145
自由貿易, 12
省エネ技術, 2
所得格差, 195
所得水準, 14, 36
所得分配, 39
新興工業国, 55
新興市場, 55, 56
人口要因, 11
生産ウエート, 35
生産関数, 61
生産者理論, 142
生産の国内比率要因, 27, 32
生産要素, 59
西部地域, 5, 7, 31, 49, 121, 161
先進国, 55
相関関係, 195
相互依存関係, 137

た
大気汚染, 26
大気中浮遊粒子状物質, 40
対数線形式, 41
対数三次多項式, 41
第二次産業発展要因, 10, 16, 22, 23
単位根検定, 72, 75
炭素エネ原単位要因, 11
単調増加, 41
地域格差, 4
地域経済格差, 3
地球温暖化, 1
中国各地域のCO_2排出量, 17
中部地域, 5, 7, 30, 48, 120, 161
通貨危機, 3
定常性, 74, 75, 78, 82, 135, 199
東部地域, 5, 29, 47, 119, 158
トランスログ型関数, 141
トランスログ型生産関数, 142
トランスログ制約利潤関数, 149
トランスログ輸出入関数, 149, 164, 167, 168
トランスログ利潤関数, 143
トレンド定常, 75

な
内陸地域, 3
二酸化硫黄, 40

二酸化炭素, 53
熱効率, 26

は
煤煙, 14
排出量のピーク, 44
パネルデータ, 128
パラメータ, 144
微小粒子, 14
一人当たりCO_2排出量の変化, 32
一人当たりCO_2排出量の要因分析, 29
一人あたりCO_2排出量変化の要因分解, 26
一人あたり経済発展要因, 11
一人当たり輸入量で経済の国際化の規模要因, 27
標本相関係数, 76
プールモデル, 128
付加価値率要因, 11
フレキシビリティー, 141

分岐点, 45, 46, 47, 48
平均排出量, 21
平均変化率, 188
変量効果モデル, 128, 129, 132, 133, 134, 135
貿易依存度, 15
貿易変化, 56
粗付加価値, 59

や
有意水準, 116
輸出供給関数, 143
輸出入関数, 138
輸出入貿易, 138
輸入需要関数, 143
要因分析, 11

ら
ラグランジュ乗数, 76
利潤関数, 144
労働集約型産業, 196

著者紹介

王　鵬飛（おう　ほうひ）

1981年　中国内モンゴル自治区生まれ、中国内モンゴル自治区職業専門学校卒業
2000年　3月に来日
2007年　広島修道大学経済科学部経済情報学科卒業
2013年　広島修道大学大学院経済科学研究科博士後期課程修了。博士（経済情報）取得
現　在　広島修道大学大学院経済科学研究科研究助手

主要論文：中国各地域環境クズネッツ曲線の推定」広島修道大学『修大論叢』第33号（2011）、「中国各地域CO_2排出量変化とその要因分解に関する研究」広島修道大学『経済科学研究』第14巻第2号（2011）、「中国の地域別CO_2限界・平均削減費用の推定と環境政策に対する含意」（共著）広島修道大学『経済科学研究』第14巻第2号（2011）

　

東アジアの持続的な経済発展と環境政策
――中国・日本・韓国を中心に――

2013年9月20日発行

著　者　　王　鵬飛
発行所　　（株）溪水社
　　　　　広島市中区小町1－4（〒730-0041）
　　　　　電話(082)246-7909
　　　　　FAX(082)246-7876
　　　　　E-mail：info@keisui.co.jp

ISBN978-4-86327-232-3　C3033